노벨상 수상자가 말하는
아이들 교육은 부모로부터 시작된다

노벨상 수상자가 말하는
아이들 교육은 부모로부터 시작된다

아이들이 행복해지는 23가지 방법

나카무라 슈지 지음 | 조수기 옮김

YANG 몸 MOON

| 차 례 |

Part 3_ 미국의 교육에서 배우다

역자 서문 | 아이들에게 도움이 되지 않는 부모는 없다

　이 책의 저자 나카무라 슈지는 청색 LED 개발로 2014년 노벨 물리학상을 수상한 분입니다. 일본의 다른 노벨 수상자와는 달리 나카무라 교수는 사회적 문제에 대하여 많은 발언을 하고 일반인을 대상으로 여러 권의 저서를 출간했습니다. 특히 그는 세간의 상식이 지닌 허점을 지적하고 일본 사회를 날카롭게 비판하는 과학자입니다. 우리나라에도 나카무라 교수의 인생 교훈서와 비슷한 책이 노벨상 수상 이전에도 몇 권 번역되어 나왔습니다.

　그는 학창시절에 모범생도 아니었고 도쿠시마대학이라는 지방 국립대학을 졸업한 후 중소기업인 니치아화학공업의 샐러리맨 연구원으로 들어갑니다. 말이 연구원이지 번듯한 연구소가 있는 것도 아니고 함께 연구할 동료 연구원도 없었습니다. 그는 죽기밖에 더하겠냐는 심정으로 청색 LED 개발에 거의 단신으로 뛰어들어 성공했습니다. 당시 전 세계의 다른 연구자들이 질화갈륨으로는 불가능하다고 할 때 그는 질화갈륨을 이용해서 청색 LED 개발에 성공합니다. 나카무라 교수가 청색 LED를 발명하기까지 지난한 과정은 2016년에 출간된 밥 존스턴(Bob Johnston)의 《브릴리언트!》에 아주 자세하게 나와 있습니다. 위대한 발명을 했는데도 그에 걸맞은 합당한 대우를 받지 못하여 결국 일본을 등지고 맙니다.

그는 일본의 주류 사회에선 보기 힘든 이단아, 반골입니다. 좀 더 멋있게 표현하면 풍운아입니다. 주류에 속하지 않은 연구자이기에 다른 사람이 보지 못하는 정치, 경제, 사회 등에 내재하는 문제를 더 잘 알아차렸고 일본 사회를 비판하는 목소리를 높여왔습니다. 특히 일본의 교육제도에 대해서도 강한 비판의 목소리를 냈습니다.

이 책은 바로 그가 틈틈이 제안한 일본 교육의 문제점 등을 다루고 있습니다. 원래는 《일본의 아이들을 행복하게 하는 23가지 제언》이란 제목인데 노벨상 수상 이후 수정 가필하여 《반골교육론》이란 책으로 펴낸 것입니다. '반골교육론'은 아이가 행복하려면 어떤 교육이 필요한가 하는 그의 평소 지론을 조금 강하게 표현한 것입니다.

나카무라 교수는 교육의 무대에 등장하는 주역을 교사와 학생이라는 관점보다는 부모와 자녀라는 관점에서 바라봅니다. 보통 교육하면 학교, 교육당국, 정부 등등 제도적 측면에서 생각하기 쉬운데 아이의 삶과 삶에 대한 책임을 생각하면 부모와 자녀 간의 교육이기본일 겁니다. 제도적 측면에서 교육을 접근하면 책임의 문제가 보이지 않습니다. 극단적으로 말하면 잘못된 교육의 피해는 자녀와 부모의 몫이지 학교가 지지 않습니다. 아니, 질 수도 없습니다. 게다가교육의 결과는 당장 나타나는 것이 아니라 오랜 시간이 경과한 뒤에 나타납니다. 누구나 그런 미래를 정확히 예상할 수는 없습니다. 그렇지만 미래에 그 자녀가 짊어져야 하는 삶의 무게는 결국 본인과 부모, 가족만이 질 수 있습니다. 결국 책임의 측면에서 보면 교육의 당사자는 부모와 자녀입니다.

이처럼 자녀의 장래를 책임의 관점에서 본다면 썩 성적이 좋지 못한 아이, 가망성이 없어 보이는 아이를 둔 부모의 마음은 타들어 갈 것입니다. 다른 집 아이들은 다 똑똑해 보이고 될 성싶은 나무는 떡잎부터 달라 보이는데 자신의 아이는 이것도 부족하고 저것도 부족하여 답답하고 걱정이 태산입니다. 이때 나카무라 교수는 희망의 메시지를 세상의 모든 부모에게 보냅니다.

"걱정하지 마라. 가망성 없는 아이는 없다!"

모두 안 된다고 하는 질화갈륨을 이용해서 청색 LED 개발에 성공한 경험을 바탕으로 '모두 안 된다고 하는 가망 없는 아이야말로 진정한 가능성을 가진 아이'라고 그는 책 속에서 주장합니다. 그런데 그 아이의 잠재력을 누가 알아볼 수 있을까요? 그는 가망 없는 아이는 없는데 그 가능성을 발견하고 키워야 하는 가장 중요한 당사자가 부모라고 주장합니다. 그는 이렇게 말합니다.

"아이와 가장 가까이 오랜 동안 접하는 사람은 부모입니다. 아이의 개성과 자질, 좋아하는 것을 가장 잘 아는 사람도 부모일 겁니다."

나카무라 교수는 아이들 교육을 학교에만 맡겨서는, 정부에만 맡겨서는 아이들이 행복하게 살아갈 수 없다고 주장합니다. 자녀 교육에서 가장 중요한 것은 바로 부모가 자식을 어떻게 키웠는가 하는 것입니다. 이 책에서도 나카무라 교수는 어릴 때 어떻게 자랐고 부모님이 자신을 어떻게 키웠는지부터 시작합니다. 그렇다고 자신의 부모님이 너무 훌륭해서 오늘날의 자신이 있다는 그 흔한 부모님 자랑이 아닙니다. 그의 부모님 역시 세간의 상식에서 독립한 사람이 아니라 우리 주변에서 흔히 볼 수 있는 그런 부모님이었습니다. 그래도 직접 자녀에게 수학을 가르치기도 하고 자식의 행복을 바라는 부모님이었습니다. 나카무라 교수는 그런 부모님에게 부족한 점이 무엇이고 그것이 어떻게 자녀에게 영향을 미치는지 체험을 바탕으로 이야기합니다.

제도화한 교육은 교사와 학생 간의 관계에서 시작합니다. 그러나 자녀의 삶 전체에서 교육을 바라보면, 그것도 삶의 책임과 연관시켜 바라보면 교육은 부모로부터 시작합니다. 결국 '나는 나의 부모님에게 이렇게 배웠고 이렇게 커왔다'는 것입니다. 우리는 부모와 괴리된 교육을 생각할 수 없습니다.

교육은 복잡한 현상입니다. 우리 삶을 한마디로 재단할 수 없듯이 자녀의 삶 역시 단순하지 않습니다. 하나의 원인이 있어 그 한 가지만 해결하면 모든 것이 술술 풀리어 자녀의 삶이 행복해지는 비결은 없습니다. 이 책 속에서 나카무라 교수는 입시공부만으로 모든 삶이 결정되는 일본의 교육제도가 모든 교육 문제의 원인이라고 주장합니다. 그렇습니다. 대학입시만으로 삶이 결정되는 사회라면 너무나 잘못된 사회일 겁니다. 그러나 동시에 그 입시공부만 없앤다고 모든 교육의 문제가 한꺼번에 해결되는 건 아닐 겁니다. 우리는 단순한 해결책을 원합니다. 그러나 그런 단순한 해결책은 없다는 것이 지금까지 수많은 교육정책이 그다지 성공적이지 못하다는 것에서 충분히 알수 있습니다.

단순한 해결책은 없습니다. 그러나 그럴수록 기본으로 돌아가야 합니다. 그 기본은 학교가 아니라 부모와 자녀입니다. 그래서 책 제목을 부모가 교육의 출발점이라는 의미에서 《노벨상 수상자가 말하는 아이들 교육은 부모로부터 시작된다》로 했습니다.

아마 부모 됨이 부족하다고 느끼는 분들이 적지 않을 겁니다. '자녀 교육을 잘못하고 있는 건 아닐까?' 하고 부모로서의 자질에 불안을 느끼는 분들을 위해 자크 라캉의 말을 조금 비틀어 역자로서 응원의 말을 보냅니다.

"누구라도 부모의 입장에 서는 한 그 사람이 자녀에게 도움이 되지 않는 일은 없다."

2017년 9월

조 수 기

서문 | 아이들을 행복하게 하는 교육적 제안

이 책은 제가 미국으로 이주한 후 상당한 시간이 흐른 뒤에 일본 교육에 관하여 쓴 《일본의 아이들을 행복하게 하는 23가지 제언》(2003, 소학관)을 가필 수정한 것입니다. 그 이후 다시 10여 년이 지나서 일본의 정치 행정이나 경제 상황 등도 그 당시와는 여건이 많이 변했습니다. 그렇기 때문에 현재 일본의 현실과 이 책의 내용에는 약간 차이가 있다고 느낄 독자도 있을지 모르겠습니다. 노벨 물리학상을 수상하는 등 저 자신에게도 공적으로나 사적으로 많은 변화가 있었습니다.

그러나 지난 10여 년간 출산율이 낮아지고 모든 학생이 대학에 갈 수 있는 시대가 도래하였지만, 교육은 중·고교 일관교육의 도입, 대학입시 제도의 다양화 등 환경이 변화하거나 개선된 측면도 있지만 근본적 변화는 거의 없다고 생각합니다. 오히려 당시보다 문제는 더 복잡해져서 해결하기가 훨씬 어려워졌습니다.

그 이유는 우선 일본 경제 상황의 변화가 교육에 많은 영향을 끼치기 때문입니다. 자동차 제조업체는 아직 괜찮은 편이지만 제가 10여 년 전에 이미 예상한 대로 가전업계는 참담한 지경입니다. 제조업이 피폐하여 공장 등을 해외로 이전했기 때문에 국내는 내수를 지탱할 힘이 없습니다. 거기에 저출산과 고령화가 상황을 더욱 어렵게 하고 있습니다.

소비세를 올려도 재정은 건전해지지 않고 오히려 사회보장의 미래는 어둡습니다. 국민은 장래에 대한 불안감을 감추지 못하고 있습니다. 경기도 좋아지지 않고 금융정책도 좀처럼 효과를 거두지 못하고 있습니다. 임금은 오르지 않고 디플레이션과 불황이 이어지는 경제 환경은 일본의 육아세대와 노동세대에게는 경제적으로 심각한 부담이 되고 있습니다. 자녀 교육에 좀처럼 돈을 지출하기 어려운 상황입니다.

또 여성의 사회 진출이 늘면서 아이들은 점점 더 가정과 분리되고 있습니다. 그에 맞추어 학교 교육의 역할이 증가하고 있지만 정부는 교육정책에 대한 투자를 늘리려고 하지 않습니다.

개성을 신장하는 다양한 교육을 실시하고 학급당 학생 수를 감축하는 등 교육현장을 개선하려는 노력도 있지만 오히려 아이들의 학습 의욕은 감퇴하고 학습에 주체적으로 임하려는 자세가 보이지 않는다고 이야기하고 있습니다. 저학년에서 일어나는 학급 붕괴는 초 · 중 · 고에서 일반화하여 교내 폭력과 결부됩니다. 미등교 학생도 늘어나고 집단 따돌림 현상도 표면적으로는 감소하는 것처럼 보이지만 오히려 더욱 음습하게 변하고 SNS를 이용한 괴롭힘 현상도 문제가 되고 있습니다.

경제력 격차가 커지고 있기 때문에 자녀를 양육하는 세대에서도 자녀교육에 투자 가능한 세대와 그렇지 못한 세대 간의 격차가 더욱 커지고 있습니다. 동시에 학력도 양극화하여 대학 등의 고등교육을 받는 학생들 사이에서도 학력차의 벽이 형성되고 있습니다.

물론 교육에 금전적 투자만 하면 모든 아이가 행복해진다고는 할 수 없습니다. 제가 이 책에서 문제를 제기하는 가치관에 속박되어 있다면 아무리 교육에 많은 투자를 하여도 효과는 없다고 생각합니다. 어떻든 경제력이 없는 가정의 아이들에게는 보다 가혹한 환경이 되고 있다는 것은 확실합니다.

자원이 부족한 일본은 제2차 세계대전 후 세계의 공장으로서 기술을 바탕으로 무역 대국으로 성장했습니다. 고도성장기와 버블(거품경제)기에는 미국과 견줄 정도의 경제발전을 실현하여 국민 생활도 그 전과 비교가 안 될 정도로 월등하게 향상했습니다.

그러나 중국을 비롯한 신흥국이 부상하면서 일본의 유리한 점은 점차 감소하여 버블 이후에는 잃어버린 20년이라는 장기 불황의 여파가 계속되고 있습니다. 세계 경제 환경의 악화와 저출산, 고령화가 곧 변화하거나 해소되지는 않을 것이기에 일본이 다시 고도성장기와 같은 시대를 맞이할 수는 없다고 말하지 않을 수 없습니다. 즉 빈부에 관계없이 앞으로 일본은 아이들에게는 힘든 상황, 살아가기 어려운, 생존하기 어려운 환경이 될 것입니다.

그렇다면 어떻게 해야 생존할 수 있을까요? 어떤 교육을 해야 아이들이 생존 능력을 키울 수 있을까요?

제가 이 책에서 일본의 교육에 대하여 제안한 것들은 대부분 직접 체험하여 얻은 내용입니다. 노벨 물리학상을 수상한 이후 주위 환경이 조금 변했지만 조국의 교육에 대한 염려는 당시와 같습니다.

어렸을 때 부모의 가르침과 그 후 대학에 입학했을 때 느낀 '분노'로 도출된 입시제도의 의문에 이르기까지 개인적 체험을 되돌아보고 일본 교육의 문제점이 도대체 어디에 있는지 계속 생각해왔습니다. 또 미국에 자리를 잡으면서 함께 전학한 막내딸을 통해 전해 듣거나 제 자신이 수업을 참관하거나 행사 등에서 직접 들은 미국의 교육관과 그동안 제가 알고 있던 일본의 교육관이 서로 다른 것에 크게 놀랐습니다.

최근 미국의 교육 현장을 바라보면서 특별하다고 느낀 점은 미국인의 교육은 어디까지나 부모를 비롯한 가족이 주도한다는 사실입니다. 그리고 그것을 중요하게 여긴다는 것입니다. 초등교육에서 학교 교육이 차지하는 비율은 일본보다 훨씬 낮습니다. 따라서 미국의 초·중학교 교원의 보수는 낮습니다.

미국에서는 가정의 부모, 조부모, 형제, 자매 등이 연계하여 가족 나름의 독자적 교육을 아이에게 실시합니다. 마치 텔레비전 드라마 〈초원의 집Little House in the Big Woods〉(원작은 로라 잉걸스 와일더의 동화)과 같은 분위기입니다. 그래도 되나 조금 걱정될 정도로 유아독존인 면도 있지만 대학 정도의 수준 높은 교육까지 가정에서 실시하기도 합니다.

미국은 이민 사회입니다. 프런티어 스피릿(frontier spirit)이라는 '개척자 정신'도 있습니다. 이 정신의 본질은 가정, 가족, 친척이 기본입니다. 가족의 유대관계는 단단하고 강하며 뿌리 깊습니다. 각 가정 고유의 교육을 아이들에게 한다는 것은 부모와 가족의 책임이기도 하고 또한 당연하며, 정부도 각 가정의 교육에 참견하는 것은 부당하다고 생각합니다. 그 정도로 강하고 단단한 사고방식이 미국의 교육을 이루고 있으며 부모와 가족은 그렇게 하여 아이들을 교육하고 양육합니다.

또 미국에는 '홈스쿨링(재택 교육)' 제도가 있습니다. 아이를 학교에 보내고 싶지 않으면 부모가 가정에서 아이를 지도할 수 있는 능력이 있다는 것을 인정받으면 됩니다. 물론 1년에 한 번 진급시험을 치러야 하지만 자기 집에서 교육할 수 있습니다. 또 부모가 가르치는 것만으로는 배워야 할 과목에 부족함이 있다고 생각하면 부족한 영역을 해당 학원에서 배우게 합니다.

아이와 가장 가까이 오랜 동안 접하는 사람은 부모입니다. 아이의 개성과 자질, 좋아하는 것을 가장 잘 아는 사람도 부모입니다. 미국에는 이미 말한 것처럼 아이에 맞는 다양한 학원이 있어서 대학생 등이 자신의 공부도 겸해서 학원에 다니는 학생들에게 기초적인 공부는 물론 각종 스포츠와 회화, 나아가서 금융 지식과 투자, 간단한 법률에 이르기까지 아주 많은 것을 가르칩니다. 홈스쿨링을 하는 부모는 집에서 하는 공부가 아이들에게 부족하다고 생각하면 부족한 부분을 보충하기 위해서 학원에 보냅니다. 또 그 아이의 개성과 자질, 그리고 흥미 있어 하는 과목에 맞추어 목적에 맞는 학원에 보내기도 합니다.

이 책에서도 이야기하지만 부모님께 받은 교육이 지금도 저에게 많은 영향을 미치고 있습니다. 이과 계통 과목을 좋아하게 된 것은 부친의 덕분이고 영어를 잘할 수 있게 된 것은 모친의 덕분입니다. 그런 의미에서 지금도 부모님께 감사하고 있습니다.

일본의 부모는 자녀 교육에 대하여 학교에 뭘 요구하는 것을 어려워합니다. 그렇다고 전면적으로 맡기지도 못합니다. 부모의 형편이나 기분에 따라서 학교나 교사에게 책임을 지우거나 마음대로 불만을 이야기하지도 못합니다. 자신의 자녀이지만 어떤 개성과 자질을 가졌는지 무엇에 흥미를 느끼는지 잘 모르는 부모가 많습니다.

일본의 부모는 자녀의 본질적 교육을 방치한다고 말하면 지나친 이야기일까요?

부모는 자녀의 교육에 대하여 더 진지하게 달려들고 적극적으로 관여하여 정말로 자신의 자녀를 위한 교육을 궁리해야 합니다. 자녀의 장래를 궁리해야 하는 것은 부모의 책임이고 장래에 다가올 장애물을 제거하여 아이의 능력과 가능성을 실현할 수 있는 사람 역시 부모뿐입니다.

저출산 시대의 일본에서 아이들은 점점 더 사회의 '보물'이 되어 갑니다. 그러나 정말로 '보물'이라고 생각한다면 지금 이대로의 일본에서는 아이들이 너무나도 가엾게 자랍니다.

저는 일본을 좋아합니다. 지금은 미국 국적이지만 정신은 일본인입니다. 제가 이 책에서 제안하는 것의 본질은 바로 아이들에 대하여 정말로 진지하게 생각해 달라는 것, 그리고 일본뿐만이 아니라 세계에서도 뻗어나갈 수 있는 힘을 가질 수 있도록 해달라는 것입니다.

2014년 가을

나카무라 슈지

Part 1_

아이들 교육은 부모로부터 시작된다

창조성은 자연에서 길러진다

"**아이는** 자연 속에서 키워야 한다. 아이는 자연과 대화하며 무럭무럭 자란다."

이와 같은 사고방식과 표현은 지금까지 수없이 회자되었습니다. 저도 "아이들의 재능은 대자연 속에서 비로소 성장한다."고 생각합니다.

그럼 왜 아이들과 자연이 만나면 좋을까요? 그 답을 생각해보고 분명히 하기 전에 저의 소년기 이야기를 들려드리겠습니다.

에히메현(현(縣)은 한국의 도(道)에 해당하는 행정구역—옮긴이)에 사다미사키반도가 있습니다. 지도를 보면 바로 알 수 있지만 시코쿠의 서쪽 끝에서 규슈 방향으로 가늘고 길게 뻗어 있습니다. 제가 태어난 고향은 사다미사키반도 중간의 남쪽 해안에 집들이 서로 따닥따닥 모여 있는 해안 마을 오쿠(현재 이카타정(町), 정(町)은 한국의 동이나 리에 해당하는 마을—옮긴이)입니다. 교통편이 매우 나빠서 '육지 속의 섬' 같은 곳이지만 눈앞에는 온화한 우와(마을 앞 바다의 이름) 바다, 배후에는 고

구마와 귤을 재배하는 밭이 있는 작지만 높은 산들이 있으며 산너머에 있는 반도 북쪽으로는 이요나다(伊予灘, 탄(灘)은 거센 파도가 치는 바다—옮긴이)로 내려갑니다.

교통편이 나쁘다는 것은 달리 말하면 개발이 안 되어 자연을 그대로 보존하고 있다는 의미이기도 합니다. 현재는 일본 전국의 모든 지방에 편리한 도로를 개통하여 육지의 고도(孤島)라고 불릴 만한 장소는 말 그대로 없다고 해도 지나치지 않습니다. 물론 편리한 것은 좋은 일이지만 그 대신에 풍요로운 자연을 잃어버립니다. 전후(戰後)의 일본, 특히 고도성장기 이후에는 일관되게 이러한 방향으로 나아갔습니다.

오쿠에 있을 적에는 그토록 매일매일 질리지도 않고 놀면서 보냈습니다. 바다에 나가서 고기를 잡기도 하고 산에서 캔 감자를 쪄먹기도 했습니다. 대나무 잠자리를 만들려고 대나무를 깎다가 작은 칼에 손끝을 베기도 하고 넘어져 무릎을 다치기도 하는 등 언제나 생살에 상처가 끊이지 않는 장난꾸러기였습니다. 마을에 의사가 없었기 때문에 흰 뼈가 드러날 만큼 상처가 나면 작은 배로 의사가 있는 마을까지 가야 했습니다.

가족은 아버지와 어머니, 큰누나와 그 밑으로 내리 남자아이만 세 명이었습니다. 저는 그 형제의 한가운데로 누나와 형제는 물론 근처 이웃에는 함께 노는 악동 친구도 많았습니다. 환경은 중요합니다. 태어난 지역이 오쿠라는 것이 저에게는 아주 많은 영향을 미쳤습니다.

그저 단순히 자연이 자신의 근처에 있으면 좋다는 의미가 아닙니다. 풍요롭고 아름다운 자연이 있다는 것이 중요합니다.

태풍이 한번 지나간 다음에 오쿠의 해변에 나가보면 아주 많은 고기와 해초 등이 떠밀려와 있습니다. 태풍이 지나간 후 모든 가족이 바닷가에 나가서 그런 풍요로운 바다의 선물을 줍던 것도 즐거운 추억입니다.

저는 오쿠의 자연을 그저 멍하게 바라보는 것을 아주 좋아했습니다. 바로 눈앞에 있는 바다, 모래 해안에 나가보면 사다미사키반도의 맨 끝인 야와타 해변에서 건너편에 있는 미사키정(町)까지 왕복하는 배가 보입니다.

그럴 때 무엇을 생각했는지 확실히 기억나지는 않습니다. 어쩌면 '저 배는 어디로 가는 것일까'라든지 '어떻게 해서 배는 떠 있는 것일까' 하고 생각했을지도 모릅니다. 시간이 가는 것도 잊어버리고 바다를 보며 오랫동안 앉아 있었습니다.

사다미사키반도는 동서로 길고 가늘게 뻗어 있어 아침에 동쪽 바다에서 떠오르는 태양이 저녁이 되면 서쪽 바다로 잠기는 것도 볼 수 있습니다. '아침 해와 저녁 해는 왜 저처럼 붉을까'라든지 '태양은 어떻게 해서 빛나는 것일까' 하는 등 두서없이 생각했을지도 모르겠습니다.

특히 저녁놀과 밤하늘의 아름다움은 지금도 강렬한 인상으로 남아 있습니다. 바다로 사라지는 큰 태양과 밤이 되면 바로 그 자리에 하늘 가득 채운 수많은 별빛, 그리고 그 아름다움에 아무 말도 하지 못하고 그저 넋이 나간 채로 멍하니 바라만 보았습니다.

풍요롭고 아름다운 자연의 혜택을 받은 땅, 그곳이 오쿠입니다. 오쿠의 추억은 지금도 여전히 나를 사로잡습니다.

오쿠에는 초등학교 1학년까지 살았습니다. 시코쿠 전력회사에 근무하던 아버지의 전근으로 동일한 에히메현의 오즈시(市)라는 곳으로 이사를 갔습니다. 그렇지만 제 마음속에는 오쿠에 대한 기억이 강렬하여 휴일이면 오즈시에서 약 30킬로미터나 떨어져 있는 오쿠까지 자전거를 타고 가곤 했습니다.

오즈시는 오쿠보다는 도회지입니다. 그러나 어느 곳도 도쿄나 오사카에 비하면 두메라는 말이 붙을 정도의 시골입니다. 오쿠에 살 때에는 초등학교 저학년이어서 공부는 하지 않고 놀러 다니는 것이 당연한 일이었습니다.

그리고 오즈는 두메산골이 아니라 그래도 시라고 불리는 지방도시지만 학원에 다니는 아이는 거의 없었습니다. 그래서 학교 수업이 끝나면 아이들의 천하였습니다. 학교에서 집으로 돌아오면 가방을 내팽개치고 어머니의 "공부해라!"는 말을 등 뒤로 흘리면서 밖으로 뛰어나갔습니다. 모두 하나가 되어 방과 후의 학교 교정이나 근처의 산이나 강에서 어두워질 때까지 놀았습니다. 특히 악동 친구들과 산속에 들어가 탐험이니 비밀기지니 하며 숲속을 헤집고 돌아다닌 일은 지금도 기억이 생생합니다.

요즘 아이들은 학교가 끝나면 학원에 갑니다. 밖에서 논다는 것은 생각조차 할 수 없습니다. 모두가 학원에 가기 때문에 학교가 끝난 후에 놀려고 해도 놀이 상대가 없습니다. 따라서 학원에 다니기 싫은 아이도 친구가 없으니까 어쩔 수 없이 학원에 다니게 됩니다. 이런 상황을 즐거워하는 사람은 학원 경영자뿐입니다.

게다가 학교도 수업이 끝나면 교문을 닫아버려 교정에서 아이들이 뛰놀 수 없게 만드는 것 같습니다. 사고라도 나면 큰일이니 방과 후의 책임 문제에 민감한 것이겠지요.

저는 앞에서 말한 것처럼 생활했기 때문에 초등학교 시절에는 학교 수업을 마친 후 숙제 말고는 공부한 기억이 거의 없습니다.

중학교에 들어가서도 배구부에서 연습하느라 수업 전후의 대부분 시간을 할애했기 때문에 시험 직전에 하룻밤 열심히 한 것 이외에는 '전혀'라고 말할 수 있을 정도로 공부를 하지 않았습니다.

저는 매일 아침 6시부터 1시간 30분 정도 아침 연습을 하고 대략 오후 4시까지 수업을 한 후에 바로 다시 연습에 들어갑니다. 녹초가 될 때까지 연습하고 집에 돌아와 저녁을 먹고 목욕하고 나면 완전히 지쳐서 바로 잠이 듭니다.

그런 일상을 보내기에 중간고사나 기말고사 보기 직전 이틀은 필사적으로 공부합니다. 수학을 비롯해 이과 계통의 좋아하는 과목은 공부가 정말 잘 됩니다. 그러나 싫어하는 암기과목인 국어나 사회는 전혀 머릿속에 들어오지 않습니다. 그래도 졸음을 참아가며 밤새워 공부한 덕에 성적은 언제나 그저 그런 정도로 얻기는 했습니다.

인간다운 생활을 하고 싶다면 도회지보다는 시골이 좋다고 항상 믿었습니다.

대학원을 졸업한 후 도시에 있는 기업에 취직하지 않고 도쿠시마 현에 있는 회사에 취직한 이유도 도시에서 아이를 키우고 싶지 않아서였습니다. 캘리포니아대학 샌타바버라 캠퍼스(UCSB)에서 교편을 잡고 연구하기로 선택한 이유도 무엇보다 풍요로우며 안심하고 거주할 수 있는 환경을 고려했기 때문입니다.

아이들 키우기와 생활환경 이외에도 자연 속에서 사는 것은 중요한 일입니다. 저 자신이 자연 속에서 성장한 것이 연구자, 과학자로서 자질을 키우는 데 큰 영향을 미쳤다고 생각합니다. 저를 비롯해 많은 일본인 연구자가 노벨상을 받았습니다. 그들과 저의 공통점은 물론 시대적 배경도 있지만 자연과 살을 맞대는 환경에서 자랐다는 사실입니다.

예를 들어 2000년에 노벨 화학상을 수상한 시라카와 히데키는 도쿄에서 태어났지만 소년기를 대부분 히다 고원에서 보냈고, 2001년에 노벨 화학상을 수상한 노요리 료지도 고베의 야산을 마구 뛰어다녔다고 합니다. 2002년에 노벨 화학상을 수상한 다나카 고이치는 도야마라는 지방 출신입니다. 밖에서 노는 것을 아주 좋아했고 자연에 대한 외경심이 있다고 합니다. 역시 2015년 노벨 물리학상을 수상한 고시바 마사토시도 제2차 세계대전 전에 도요하시와 요코스카에서 태어나고 자랐으며 어릴 적에는 아무도 감당할 수 없을 정도의 골목 대장이었다고 합니다.

이처럼 노벨상 수상자 중 많은 사람이 자연과 살을 맞대면서 어린 시절을 보냈다는 것은 정말 시사하는 점이 많습니다. 왜냐하면 매일 매일 자연과 사귀면 정말 다양한 의문을 품게 됩니다. 예를 들어 '배는 어떻게 해서 물위에 뜰까?' '왜 석양은 붉을까?' 하는 의문들입니다.

우주의 구성원이나 생명의 영위(움직임) 등 우리 주변에는 잘 알 수 없는 것들이 넘쳐납니다. 자연에서 뛰놀면 이런 의문이나 불가사의 한 것들과 정면으로 부닥치지 않을 수 없습니다.

천재 뉴턴은 나무에서 사과가 떨어지는 것을 보고 만유인력을 발견했다고 합니다. 보통 사람인 우리는 실제로 나무에서 떨어져 아픈 것을 체험해도 만유인력을 알아차리지는 못하지만 나무에서 떨어지면 아프다는 것은 알게 됩니다.

이 세상은 실제로 해보지 않으면 알 수 없는 것 천지입니다. 나아가 삼라만상은 수수께끼투성이, 의문투성이입니다. 무엇보다도 만유인력이 왜 존재하는지조차 우리는 아직 알지 못합니다.

자연과학은 이름 그대로 자연 현상을 분명히 밝히기 위하여 발달한 학문입니다. 천체의 움직임은 농업에서 중요했고 우물을 파거나 밭을 개간할 때도 물리와 수학 지식이 필요합니다.

인간의 생리를 밝혀 병을 치료하려고 의학과 약학이 진보했고, 물리적 수수께끼를 해명하기 위하여 수학이 발달했으며 농작물과 가축을 개량하기 위해 생물학 등이 발전했습니다. 화학이나 지구과학도 같은 목적에서 나타난 것입니다.

이처럼 학문 연구에서 실험과 현지조사는 매우 중요합니다. 왜냐하면 공식이나 방정식으로도 나타낼 수 없는 존재가 자연이기 때문입니다.

언제나 변하는 것이 자연입니다.

공식이나 방정식의 기초가 되는 수학의 데이터도 그저 식에 집어넣기만 하면 되는 것이 아닙니다. 제가 하고 있는 연구도 머릿속으로만 생각해서는 되지 않습니다. 먼저 실험을 하여 확인해야 합니다. 실제로 나무에서 떨어져보지 않으면 인력의 존재는 알 수 없습니다.

인간관계에도 자연의 법칙이 작용한다

아이들은 자연 속에서 신체를 사용하여 체험하면서 자연의 법칙을 몸에 익혀 갑니다. 인간관계도 이와 똑같습니다. 자연과학뿐만이 아니라 사회과학도 인간이라는 자연물에 대한 학문이라는 것은 변함없는 사실입니다. 문학과 역사학, 경제와 법률도 인간을 이해하지 않고는 성립할 수 없습니다. 동시에 인간도 동물의 일종이므로 생명체의 원칙에 어긋난 행동이나 생각을 하는 것은 있을 수 없습니다.

자연과학과 사회과학이라는 학문의 공부만 중요한 것이 아니라 자연 속에서 자라고 인간을 상대로 놀이하는 것도 아이에게는 매우 중요합니다. 왜냐하면 학문이 그러한 것처럼 인간의 사고방식이나 행동기준, 문화는 대부분 자연에 대하여 계속 생각한 결과물이기 때문입니다.

결국 인간이 서로 사귀는 것도 자연과 맞닿는 것입니다. 인간은 혼자서 살 수 없습니다. 동시에 어른이 되어서 만나는 경쟁상대도 똑같은 인간입니다. 무인도에 표착하여 혼자서 생존할 수 있는 지혜를 몸에 익히는 것뿐만 아니라 다른 사람과 힘을 합치거나 경쟁하는 경험을 쌓는 것도 자연과의 맞닿음에서 얻을 수 있습니다.

오쿠의 바닷가에서 무엇인가를 생각하면서 바다를 바라보던 것처럼 저는 친구들과 놀면서도 머리를 짜내고 생각하는 것을 매우 좋아했습니다. 예를 들어 깡통차기나 숨바꼭질을 할 때 친구의 행동을 예상하여 게임에서 곧잘 이겼습니다. 힘자랑이나 체력 승부에서는 이길 수 없어도 이러한 머리싸움에는 자신이 있었습니다. 장기나 구슬치기 등에서는 진 적이 거의 없습니다. 여러 상황을 순간적으로 재빠르게 판단하여 결단하고 행동하는 것을 잘했습니다.

상대가 어디에 숨어 있는지 찾아내거나 내가 어디에 숨으면 들키지 않을까를 생각합니다. 딱지나 구슬치기에서는 그 힘의 관계를 궁리하거나 상대가 어떻게 대응할지 예상하여 대응합니다. 때로는 흥정을 하기도 하고 속임수를 쓰기도 합니다. 말로 표현하니 좀 나쁜 짓 같은데 놀이라는 것은 어떻게 상대를 멋있게 속일까, 어떻게 하면 상대를 이길 수 있는지를 겨루는 것입니다.

상대도 똑같은 아이지만 이러한 인간관계에서도 자연의 법칙이 적용됩니다. 상대 친구도 이쪽이 생각하는 것과는 반대로 나오기도 하고 정말로 자유자재로 대응하기도 합니다. 그런데 그것을 먼저 알아차려 이기면 기분이 아주 좋습니다. 상대가 사람이기 때문에 함께 놀면 그토록 즐거운 것입니다.

요즈음 아이들은 대부분 인터넷 게임을 하면서 놉니다. 자연을 상대로 놀지도 않고 사람과 노는 일도 별로 없습니다. 애초 두꺼운 종이를 잘라서 스스로 장기 말을 만들거나 자신만의 독창적인 놀이를 생각해내는 일도 거의 없습니다.

스마트폰 같은 휴대 단말기의 게임을 보면 알 수 있는 것처럼 요즈음 아이들의 놀이도구는 대부분 장난감회사와 같은 어른들이 만들어준 판에 박은 듯한 기성품입니다. 컴퓨터 게임은 아무리 복잡하게 만들어도 결국은 똑같은 패턴의 반복입니다. 공격 방법에 관한 책도 나와 있어 찾아보면 바로 해답을 얻을 수 있는 것도 많습니다.

이런 놀이만 하다보면 주어진 것에 지나치게 익숙해져 스스로 사고하는 법을 잊어버립니다. 자연 속에서 놀지 않는 것과 마찬가지로 놀이 상대가 사람이 아니라는 것은 아이들의 창의성을 키운다는 점에서는 정말로 아주 좋지 않는 영향을 미친다고 생각합니다.

바다나 강에서 헤엄치다보면 생각지도 못한 곳에서 물의 깊이나 물 흐름이 갑자기 변하는 것을 알 수 있습니다. 수영장에는 그런 위험은 없습니다. 숨바꼭질도 같은 상대에게는 똑같은 수법을 계속 사용할 수 없습니다. 그러다 보니 서로를 자극하여 점점 단수 높은 숨바꼭질 방법을 배우게 됩니다.

자연을 얕보고 달려들면 생명이 위험할 정도의 앙갚음을 해오기도 합니다. 그런 위험을 미리 생각해야 위험을 피할 수 있습니다. 또 사람 상대의 놀이에서 자신이 이기려면 그 방법을 생각하지 않으면 안 됩니다.

추상적인 것을 구체적으로 표현하는 힘을 기르자

자연은 대체로 추상적입니다. 동식물의 성장과 행동, 우주의 탄생이나 천체의 운행, 바다나 육지 등 지구의 움직임, 인간의 사고 등 이 모든 것을 언어나 숫자로 정확하게 표현하기란 불가능합니다.

반면에 우리 눈앞에 펼쳐지는 자연의 움직임이기 때문에 이것만큼 구체적인 것도 없습니다. 그러나 그것을 자신만의 독특한 방법으로 표현한다면 도대체 어떻게 전할 수 있을까요?

인간은 지금까지 이와 같은 추상적인 자연을 구체적으로 이해하기 쉽게 치환할 수 있도록 노력해왔습니다. 그러나 아무리 정확하게 구체적으로 자연을 묘사해도 결국은 추상적인 것이 되어버립니다. 자기 나름대로 붙잡은 자연의 모습을 타인에게 전달하려고 해도 자신이 느낀 인상을 그대로 정확하게 전달하기란 애초부터 불가능합니다.

그러나 인간은 그러한 노력을 게을리하지 않고 나름대로 자연의 인상을 될 수 있는 한 다른 사람과 후세에게 정확하게 전하려고 노력해왔습니다. 인간의 능력은 다양합니다. 영문을 알 수 없는 것을 구체적이고 알기 쉬운 것으로 표현하는 것도 그중의 하나입니다.

예를 들어 천체의 움직임은 얼른 보아 알기 어렵고 이해하기 어렵기 때문에 물리학을 사용하여 해명해가는 것이 천문학자의 역할입니다. 또 돈이나 상품의 움직임 등 경제를 파악하는 것은 경제학자의 역할입니다. 집을 지으려는 사람은 자신의 희망하는 구체적인 가옥의 형태를 표현하기 위해서 목공이나 건축가에게 부탁합니다.

생각해보면 인간의 욕망이나 경제, 시장의 움직임이라는 막연하고 추상적인 것을 적확하고 정확하게 구현하는 것에서부터 대부분의 사업이 성립하는 것이 아닐까요? 이처럼 추상을 구체화하는 능력도 어릴 적부터 자연과 맞닿을 때 아주 많이 높아지는 것이 아닐까 생각합니다.

저 자신을 예로 들면 저는 줄곧 그리기와 만들기를 잘 했습니다. 초·중학교 시절 사생대회에서 여러 차례 상을 받기도 했습니다. 초등학교 저학년 때에는 그렇지 않았는데 초등학교 고학년 때부터 중학교, 고등학교 시절 그림이 멋있다고 칭찬받기도 하고 공작(여러 물건을 직접 만드는 실기과목) 과목을 잘하기도 했습니다.

물론 선생님께 그림을 제대로 배운 것이 아니므로 디자인을 정확하게 그리려 애썼지만 아주 좋지는 않았습니다. 그러나 색의 사용이나 그림이 지니고 있는 멋이 깊이가 있다고 미술 선생님께서 자주 칭찬하셨습니다.

또 고등학교 미술 시간에 선생님께서 색종이를 손으로 찢어 붙여 봄, 여름, 가을, 겨울을 하나하나 표현해보라는 과제를 내주셨습니다. 미술을 선택한 반의 학생 수는 40명에서 50명쯤이었습니다. 계절별로 상위 다섯 작품씩 스무 작품을 선발하여 게시했는데 제 작품은

넉 점이 다 그 속에 들어갔습니다.

사계절이라는 추상적 테마(주제)를 색종이를 사용하여 구체적으로 표현하는 것인데 미술수업에서 이 과제는 추상표현이지만 눈에 보이도록 구체적인 그림으로 나타내는 것입니다. 이러한 것은 추상을 말 그대로 구체화하는 행위입니다.

인간은 자연과 부대껴야 능력이 연마된다

처음에 저는 이런 능력은 유전이라고 생각했습니다. 왜냐하면 저의 누나나 형도 그림을 잘 그렸기 때문입니다. 그러나 신기하게도 막냇동생은 그렇지 못했습니다. 네 명의 남매 중에서 위의 세 명은 그림을 잘 그렸지만 막내만은 그렇지가 않았습니다. 왜일까요?

위의 세 남매가 그림과 공작에 소질이 있는 이유는 자연이 풍요로운 오쿠에서 태어나고 자란 경험이 크게 작용하지 않았나 생각합니다. 자연 속에서 자란 덕분에 사물에 대한 관점이나 사고방식이 다른 사람과는 조금 다르기 때문이라고 생각합니다.

또 그것 이상으로 자연 그 자체에 대한 시각이 달랐겠지요. 자연을 나름대로 어떻게 받아들일까? 이에 대한 답은 자연 속에서 자라지 않으면 알 수 없을 것입니다.

막냇동생은 오쿠에서 오즈로 이사할 당시에 매우 어렸습니다. 그 대자연의 감동을 막냇동생은 그다지 누리지 못했습니다. 그것이 저를 포함한 위의 삼남매만이 그림과 공작에 재능을 보인 큰 이유가 아닐까 합니다.

위대한 소설가가 세상일을 제대로 관찰하려고 스케치를 한다는 이야기를 들은 적이 있습니다(헤밍웨이를 지칭하는 것 같다—옮긴이). 머릿속에 떠오른 것과 눈앞에 보이는 여러 모습을 오로지 문장으로만 표현해야 하기 때문에 그 관찰자의 눈은 보통 이상이 아니면 안 되겠지요.

연구개발에서도 이와 같은 능력은 극히 중요합니다. 아무리 머릿속으로 생각해도 그것을 구체적인 실험의 형태로 시험해보거나 결과를 만들어내지 않으면 안 됩니다. 좋은 아이디어가 있어도 그것이 구체적인 소재나 상품 등에 응용될 수 없다면 아무것도 아닙니다.

이러한 관찰력이나 아이디어를 구체적인 모습으로 만들어가는 힘은 인간에게만 고유하게 주어진 능력입니다. 크든 작든 누구라도 그런 능력이 있습니다.

그러나 어떠한 능력이든 개인차가 있습니다. 이러한 능력을 높여서 보다 정확하고 설득력이 있도록 발전시키려면 어린 시절부터 자연과 친하고 자연을 몸 전체로 체험하면서 자라는 것이 중요합니다.

말은 그렇게 하지만 대도시에 살고 있는 독자는 자연 속에서 자란다는 것이 물리적으로 어려울지도 모릅니다. 또 시골에 할아버지, 할머니 등 친척이 없는 집도 있을 것입니다. 문제는 아이들이 흙투성이가 될 정도로 뛰어놀던 경험도 없고 진정한 의미에서 자연의 아름다움이나 무서움을 접한 적이 없다는 것입니다.

24시간 내내 자연과 접하지 않아도 됩니다. 어린 아이들은 혼자서는 자연 속으로 들어갈 수 없기 때문에 한 달에 한 번 정도는 산이나 바다에서 하루 종일 지낼 수 있도록 체험 환경을 만드는 것이 중요합니다.

아버지, 어머니 모두 바쁘실 거라고 생각하지만 아이들을 스마트폰과 학원에서 벗어나도록 데리고 나와 자연 속으로 들어가는 기회를 만들어보는 것이 어떻겠습니까?

가장 훌륭한 스승은 부모다

앞에서는 아이에게 가장 중요한 교육환경이 '자연'이라고 이야기했습니다. 이번에는 그다음으로 중요한 교육환경으로 가정을 생각해보기로 합니다.

가정에서는 어머니, 아버지의 존재가 역시 가장 중요합니다. 부모는 아이의 교육에서 거의 절대적 존재입니다. 그렇기 때문에 자녀에 대한 부모의 교육관에 따라 교육방침이 결정되고 교육방법도 크게 달라집니다.

저도 세 딸아이의 아버지이지만 기본적으로 '밝고 건강하게 자라주면 그것으로 충분하다'고 생각했습니다. 자라서 이런 여성이 되면 좋겠다거나, 이런 직업에 종사하면 좋겠다는 등 저 자신의 바람을 밀어붙인 적은 거의 없습니다. 물론 공부하라는 잔소리도 해본 적이 없습니다. 본인이 어떻게 느끼는지는 알 수 없지만 지나치게 큰 기대를 걸어본 적도 없습니다.

지금 일본에서는 저출산과 고령화가 진행되고 있습니다. 장차 젊은이는 적고 노인은 넘쳐나는 나라가 되고 말 것입니다. 부부가 낳는 자녀의 수도 한 명, 많으면 두 명입니다. 저처럼 형제가 사 남매이거나 제 아이들처럼 자매가 세 명이라도 되면 많다고 이야기하는 시대입니다.

이런 시대에는 아이에게 지나치게 큰 기대를 하는 부모가 나옵니다. 아이를 키우는 것은 꽤나 힘들고 시간과 돈이 필요합니다. 형제자매가 많으면 그중에는 뛰어난 아이도 있지만 아무래도 장래가 염려되는 아이도 있습니다. 정성과 돈을 들여 키워 그중에서 한 명 정도라도 장래가 기대되는 아이가 있다면 복이 굴러들어온 것이라고 보면 됩니다.

그러나 아이가 한 명이라면 확률적 위험이 동반됩니다. 1인 자녀 정책의 중국도 마찬가지지만 현재 일본도 가계에서 교육비가 차지하는 비율이 급속히 커지고 있습니다. 결국 부모가 자녀에게 지나치게 큰 기대를 품는 사회가 되어 가고 있습니다.

당신은 당신의 소중한 자녀가 어떻게 자랐으면 좋겠습니까?

밝고 건강하게만 자라다오!

일본계 기업이 많은 캘리포니아주에는 일본에서 가족과 함께 온 회사원도 많습니다. 그들의 자녀는 수년간 미국에서 교육을 받다가 부모가 귀국할 때 함께 돌아갑니다.

그러나 대학입시 위주의 일본 교육시스템이 너무나도 나빠서인지, 아니면 일본으로 돌아간 자녀들이 받아들이기 어려운 환경 때문인지 다시 미국으로 되돌아오는 아이들이 많습니다.

최근에는 아버지가 귀국할 때 함께 가지 않고 어머니와 아이는 미국에 남는 사례도 적지 않습니다. 물론 관광비자로 체재할 수밖에 없기 때문에 비자 기간이 만료되기 전에 일본으로 돌아가지 않으면 안 됩니다.

이처럼 일본과 미국에서 이중생활을 하는 가정이 자녀에게 들이는 교육비는 그야말로 막대합니다. 극단적인 예지만 아이를 키우는 건 이와 같이 정말로 많은 비용이 드는 투자이고 나름대로 상당한 각오가 필요한 일입니다. 만약 자녀 양육을 사업으로 생각한다면 어느 정도 투자한 이후에는 장차 그 수익을 기대할 것입니다. 그러나 자녀 양육은 사업이 아닙니다.

또 도대체 무엇을 기준으로 이 아이는 뛰어나다거나 어쩔 수 없는 아이라고 말할 수 있는지도 큰 의문입니다. 모든 것이 급속하게 변하는 시대입니다. 학교 성적만으로 우열을 판단할 수는 없습니다. 덧붙여 이야기하면 아이의 삶은 어디까지나 아이 자신의 것입니다. 부모나 친척의 소유도 아니고 사회의 소유는 더더욱 아닙니다. 아이는 부모의 종속물도 아니고 투자의 대상도 아닙니다.

인간은 사회적 생물이지만 부모와 자녀의 관계라는 관점에서 본다면 그렇게 복잡하게 생각할 필요는 없습니다. 인간도 자연의 일부라고 앞서 말씀드린 것처럼 자녀 양육도 인간이 근원적으로 지니고 있는 자연적 본능에 맡겨보면 어떨까 합니다.

인간도 동물입니다. 동물은 본능이 시키는 대로 살아갑니다. 동물이 새끼에게 무엇을 기대한다든지 노후에 보살펴주기를 원할까요? 대가를 바라고 새끼를 키우는 동물은 없습니다. 동물의 부모는 새끼에게 험한 자연 속에서 생존에 필요한 지혜를 줄 따름입니다. 그렇게 묵묵히 새끼를 키우고 자립해야 할 시기가 오면 가혹하다고 할 정도로 자립을 재촉합니다. 육식동물이라면 이빨을 드러내거나 발톱을 세워 어미의 영역 밖으로 쫓아냅니다.

경로나 복지를 부정하는 것은 아니지만 부모의 자녀에 대한 과도한 기대는 상상 이상으로 그들을 얽어맵니다. 밝고 건강하게 자라주면 더 바랄 것이 없다는 정도가 딱 좋지 않을까요?

책임감을 갖고 아이를 키워라

저는 도쿠시마대학 대학원에 입학해 1학년 학생으로 다음 해 2월에 결혼했습니다. 아내는 대학 3학년 때부터 사귀었는데 실은 결혼 전에 큰딸을 임신했습니다. 그래서 고민 끝에 처가 어른들께 사정을 말씀드리고 혼인 승낙을 받았습니다. 이른바 '속도위반 결혼'입니다.

대학원생이라고 하지만 당시 학생 신분으로 결혼한다는 것은 정말 대단한 용기가 필요했습니다. 저는 인생에서 이처럼 운명의 기로에 서면 '어떻게든 되겠지' 하는 막무가내식 행동을 자주 취합니다. 지금 생각하면 그 당시에도 학생 신분으로 결혼이라는 모험을 한 것입니다. 경제적으로 자립도 못한 상태에서 말입니다. 석사는 2년 과정이라 대학원 2학년이 되면 장녀가 태어나고 곧 졸업입니다.

대학원에서는 주로 타이타늄산바륨이라는 세라믹계열 재료의 반도체화 연구를 했습니다. 이제 막 연구의 재미를 느끼기 시작할 때 취직 자리를 알아봐야 했습니다. 동기생들과 마찬가지로 저 역시 도시에 있는 일류 기업의 연구소에 들어가 좋아하는 연구를 원 없이 실컷 하고 싶었습니다.

다행히 대학과 대학원 성적이 상당히 우수한 편이었기에 고체재료강의를 담당하던 타다 오사무 지도교수님이 확실한 추천서를 써주셨습니다.

그런데 타다 교수님은 제2차 세계대전이 끝난 직후의 도쿄에서 매우 고생하고 도쿠시마로 돌아오셨기 때문인지 "도시는 인간다운 삶을 살 수 있는 곳이 아니야." 하고 학생들에게 말씀하곤 하셨습니다. 이런 사고방식은 제가 줄곧 가슴에 품고 있던 생각과 완전히 일치하는 것이었습니다.

저는 고등학교 때 도쿄로 수학여행 갔을 때의 경험을 잊을 수가 없습니다. 그때 태어나서 처음으로 만원 전차에 짐짝처럼 꽉 들어차 통근하는 직장인을 보았습니다. 사람과 자동차가 마구 뒤엉켜 모여 있었습니다. 공기는 나쁘고 건물 뒤편은 그을음으로 더러웠습니다. '이런 곳에서는 도저히 사람다운 삶을 살 수가 없겠구나.' 고교생이던 저도 타다 교수와 똑같은 생각을 했습니다. 그러나 일을 하면서 연구를 계속하려면 기업에 연구원으로 들어가는 것이 좋습니다. 만약 제가 독신이었다면 도시 생활도 어느 정도는 참고 견뎠을지 모릅니다.

그렇지만 저는 이미 결혼했고 귀여운 딸도 있었습니다. 대학에서 집에 돌아와 귀여운 딸의 잠든 얼굴을 보고 있으니 '이 아이를 그런 장소에서 키울 수 없지 않은가' 하는 생각이 쌓여만 갔습니다.

마침내 저는 결심했습니다. 취직이 결정된 교세라(일본 교토에 있는 유명한 대기업—옮긴이)를 포기하고 타다 교수님에게 부탁하여 도쿠시마현 아난시에 있는 니치아 화학공업이라는 회사를 소개받았습니다.

니치아 화학공업은 화학 계열의 제조회사이기 때문에 만약 연구직으로 채용되더라도 저의 전문 분야인 반도체 재료 연구는 할 수 없을 것입니다. 그러나 저는 딸이 자라는 환경을 우선하여 연구자로서의 삶은 잠시 포기했습니다.

돌이켜 생각해보면 학생 신분으로 '속도위반 결혼'을 하면서까지 부모가 되겠다고 결심한 것이 결국 연구자로서의 삶을 포기하는 원인이 되었습니다. 그 때문에 저는 동기생들이 나아가는 길과는 다른 방향으로 걸어가게 되었습니다.

그러나 실패했다고는 전혀 생각하지 않았고 물론 후회하지도 않았습니다. 왜냐하면 결혼은 저 자신이 결정했기 때문입니다. 그 책임은 전부 저에게 있습니다.

아이를 키우는 일은 어려운 책임을 동반합니다. 아이를 키우다 보면 자신의 인생이나 꿈을 포기해야 할 때도 있습니다. 그 정도의 각오로 아이를 키우기 바랍니다.

우리 남매는 큰누님을 제외하고 그 밑의 삼형제는 모두 4년제 사립대학을 졸업했습니다. 저만 국립대학인 도쿠시마대학을 갔습니다.

어머님도 파트타임 일을 하여 가계를 도왔습니다. 아버지는 아주 평범한 회사의 기술직이었으므로 자식들 대학 교육시키느라 경제적 부담이 상당히 컸습니다. 고학력 친척도 거의 없는 데다 부모님은 제2차 세계대전 전에 초등학교만 나오셨지만 자녀 교육에는 정말 열심이셨습니다.

초등학교 2학년 때 오즈로 이사를 가서 시코쿠 전력의 오즈 변전소 회사 사택에서 살았는데 수십 세대나 되는 근처의 아이들이 거의 대학에 진학한 것으로 기억합니다. 물론 저의 세대는 이미 대학이 대중화하여 제2차 세계대전 전처럼 일부 부잣집 아이나 대단한 수재만이 대학에 들어가는 것은 아니었습니다.

전후의 고도성장기 일본에서는 좋은 대학을 나와 일류 대기업에 입사하는 인생이 가장 안전하고 확실한 것으로 사회적으로 인정받는 삶의 방식이었습니다. 저의 부모님도 다른 보통 사람들과 비슷한 상식을 가지셨기에 자녀 진로를 그 당시의 상식인 대학 진학을 원하셨습니다.

부모는 자녀 교육 문제에서는 주위 환경에 영향을 받기 매우 쉽습니다. 오즈의 사택에 사는 사람들은 아이들을 대학에 보내는 것이 어느 정도 보편화되어 있었습니다.

그러나 제가 태어난 오쿠였다면 이야기가 조금 달라집니다. 사다미사키반도에 있는 두메 마을 오쿠에서는 저와 같은 세대라고 해도 대부분 고등학교에도 가지 않았습니다. 중학교를 졸업하고는 농업이나 어업 등 가업을 돕거나 오사카 등지에 집단으로 취직하여 나갑니다. 만약 저도 오쿠에 살고 있었다면 대학에 가지 못했을지도 모릅니다.

전후에는 아무리 가난해도 자녀만은 꼭 고등교육을 시키고 싶어 하는 부모들이 많습니다. 또 그 지역의 유지들이 장래가 기대되는 아이들에게 장학금을 지원하여 지역을 위해 일할 수 있는 인재를 육성하는 일도 많았습니다.

그렇지만 아이들 스스로 열심히 공부하고 싶어도 어려운 환경 때문에 힘든 상황도 확실히 존재합니다. 또 아이를 염려하는 부모의 마음은 주위의 분위기나 세상 일반의 상식에 쉽게 휩쓸리기도 합니다.

그러나 그렇기 때문에 더욱더 확고한 자신만의 방향성을 정해 자녀 교육을 생각하지 않으면 안 됩니다.

아버지가 가르쳐준 수학

저는 언제부터 암기과목을 잘 못하고 싫어한 걸까요?

돌이켜보면 어렸을 때부터 싫어하는 것에는 전혀 흥미를 느끼지 못하는 성격이었습니다. 싫어하는 것은 아무리 기억하려고 해도 기억하지 못했습니다.

이런 성격은 지금도 그대로입니다. 흥미가 없으면 집 전화번호조차 어슴푸레하게 기억할 정도입니다. 사람 이름이나 지명 등은 더 말할 필요도 없습니다. 출장 등으로 도쿄에 자주 가는데 숙박 호텔 이름을 잊어버려 택시 기사와 도쿄 시내를 빙빙 돈 적도 있습니다.

한편 그 반대로 좋아하는 일은 정말 철저하게 해냅니다. 초등학교 저학년 시절에 수학은 잘하고 좋아하는 과목이었습니다.

어떻게 해서 수학을 좋아하게 되었을까요? 초등학교 저학년 때 아버지가 수학을 가르쳐주신 적이 있습니다. 부모님 모두 초등학교밖에 나오지 못했지만 전력회사에 근무했기 때문인지 초등학교 수학 정도는 봐주셨습니다.

초등학교에 입학한 아이들은 대부분 그전까지 하지 않았던 학교 공부에 당황하여 공부를 싫어하는 일이 많습니다. 수학 숙제를 못하고 연산을 이해하지 못하여 어려워하는 저를 보고는 아버지가 도와주셨습니다. 초등학교 저학년이니까 아마 덧셈과 뺄셈 정도일 겁니다. 간단했지만 아버지가 가르쳐주시기에 너무 기뻤습니다.

그렇지 않아도 고집도 세고 외우는 것을 매우 싫어한 저는 수학에서 구구단도 제대로 잘 외우지 못했습니다.

"몇 시간 뒤에 두 개의 전차가 서로 옆으로 스치고 지나가는가?"

이런 문장 문제도 잘 풀지 못했습니다.

그러나 반복하여 연습하면서 자연적으로 외우게 되었고 문장 문제도 아버지가 알기 쉽게 가르쳐주었습니다. 푸는 법이나 생각하는 법을 배운 덕분에 조금씩 수학을 잘할 수 있었습니다. 그 이후로 수학은 좋아하는 과목이 되었습니다. 자신을 가지면 좋아지게 됩니다. 잘하게 되면 좋아하는 법입니다.

이처럼 자기 주변에 공부를 가르쳐주는 존재가 있다는 것은 아이의 환경에서 아주 중요합니다. 아버지가 아니라도 좋지만 역시 어린 아이가 학교 이외에서 함께할 수 있는 어른이라면 부모일 겁니다.

요즈음 부모는 아이에게 공부를 가르쳐주는지요? 자신의 일이 바빠서 자녀 공부는 학교에 맡겨버리고 있을지도 모릅니다.

이렇게 생각해보니 아버지의 존재가 저에게는 아주 컸다고 말할 수 있습니다.

중학교 입학 전에 영어를 공부하자

고등학교 입학 전까지 공부다운 공부를 한 적이 거의 없던 저였는데 어머니께서 초등학교 5학년부터 6학년까지 영어 학원에 다니라고 말씀하셨습니다. 야간 고등학교에서 영어교사를 하는 먼 친척 분이 인근 아이들을 모아서 영어를 가르치고 계셨습니다. 그 영어학원에 다닌 기간은 1년 6개월 정도입니다. 그곳은 이름만 학원이지 실은 옛날 서당 같았습니다. 영어를 배우러 오는 아이들은 매회 다섯명 정도였습니다.

처음에는 어머니에게 떠밀리다시피 하여 다녔습니다. 형과 동생도 함께 다녔는데 그 두 사람은 그리 오래 다니지 못하고 그만두었습니다. 그도 그럴 것이 그 학원은 엄청나게 힘든 스파르타식 교육을 했기 때문입니다.

어머니는 중학교에 들어가면 영어 수업이 있으니 아마도 그전에 익혀 놓는 편이 좋을 것이라고 생각한 것 같습니다. 영어 학원은 일주일에 두 번 다녔는데 학원에서는 아이들에게 미리 집에서 NHK

라디오의 영어 강좌를 듣고 외워 오라고 시킵니다. 그리고 그에 대해 선생이 질문하고 학생이 답하는 방식으로 교육합니다. 아이들은 초 스파르타식으로 지도하는 선생님이 무서워 자연스럽게 문법과 영어 단어 등을 외우게 됩니다. 그 덕분에 중학교 영어 공부가 아주 쉬웠다는 기억이 납니다.

저는 암기과목을 잘 못하고 수학이나 이과 과목을 좋아하는 이과 형 사람이지만, 웬일인지 영어 공부만은 힘들어하지 않았습니다. 그 이유는 초등학교 시절 억지로라도 영어 학원을 다니게 한 어머니 덕 분이 아닌가 생각합니다. 이러한 경험이 없었더라면 아마도 영어라 는 암기과목을 잘 못해 지금의 미국 생활도 어려웠을 겁니다. 나중 에 다시 말하겠지만 인터넷이나 교통기관이 발달한 현대에 특히 과 학을 연구하는 사람에게 영어 구사 능력은 매우 중요합니다. 만약 그 당시 어머니가 미리 영어를 공부시키지 않았다면 어떻게 됐을까 생 각하면 아찔하기도 합니다.

초등학교 입학 전후처럼 자녀의 성장단계에는 중요한 환경 변화 가 몇 차례 있습니다. 영어 등 과목이 새롭게 추가되는 중학교에서도 이러한 변화가 한 차례 오는데 많은 아이가 이에 대응하지 못하고 낙오합니다.

저는 초등학교에 입학해서 아버지에게 수학을 배웠습니다. 중학 교 입학 전에는 어머니에게 떠밀리다시피 하여 영어를 배우러 학원 에 다녔습니다. 아이들에게 자연환경과 똑같이 부모나 형제자매, 가 족의 영향은 아주 중요합니다.

자녀 양육과 교육에 대해 강조하여 말씀드리고 싶은 것은 아이들이 어릴 적에는 가능한 한 자연 속에서 서로 맞닿으며 무럭무럭 자라게 하는 것입니다. 그리고 아이들을 둘러싼 환경이 크게 변화하는 초등학교나 중학교 입학 전후에는 환경에 적응하기 쉽도록 인도해 주라는 것입니다. 이렇게 신경 쓰는 것만으로도 아이들은 꽤 달라질 것이라고 생각지 않으십니까?

지기 싫어하는 마음이 자립의 첫걸음이다

자연과 부모 등 아이를 둘러싼 환경에 대해 말씀드렸습니다만 이번에는 아이와 비슷한 또래에서 가장 가까운 존재인 형제자매에 대해 생각해봅시다.

요즈음 저출산으로 외동이거나 형제가 둘인 아이들이 많습니다. 외동인 아이는 소중하게 양육되고 형제자매가 없기 때문에 함께 놀 다른 친구를 찾을 수밖에 없습니다. 형제나 자매는 둘 사이가 1대1 관계여서 의외로 간단합니다. 때때로 형제끼리 다투기도 하지만 자연적으로 힘의 우열이 가려집니다. 제대로 된 싸움에도 이르지 못할 거라고 생각합니다.

그러나 같은 동성끼리(형제 또는 자매)라거나 제3의 존재가 더해지면 이야기가 조금 복잡해집니다. 저도 제일 위로 부드럽고 마음씨 고운 누나가 있었지만 아래 세 명은 모두 남자 형제이기 때문에 모이기만 하면 다투었습니다. 저는 형에게는 동생이지만 동생 앞에서는 지고 싶지 않은 마음이 강해서 사소한 일에도 곧잘 싸우곤 했습니다.

바깥에서 놀다가도 싸우고 텔레비전 앞에서는 채널 문제로 다투는 등 늘 치고받았습니다. 까닭 없이 싫다고나 할까, 주는 것 없이 밉다고나 할까, 형이 희다고 하면 저는 검다고 하는 그런 식이었지요. 어느새 자신도 모르는 사이에 대들고 싶은 겁니다. 그다지 사이가 나쁜 것도 아닌데 함께 있으면 서로 신경을 거슬리게 됩니다. 정말 서로 질리지도 않고 잘도 싸웠다는 생각이 듭니다.

식사 시간만 되면 전쟁터가 따로 없습니다. 반찬이 나오면 형과 저는 서로 먼저 젓가락을 내밀며 기선을 제압하려고 "이건 내 거야!" "아냐 그건 내 거야!" 하고 말다툼을 시작합니다. 처음에는 젓가락만으로 밀고 당기지만 곧 주먹으로 치고받습니다.

식사 때마다 큰 싸움이 벌어지니 참고 참던 아버지도 마침내 한계에 달한 듯 "밖에 나가 서 있어." 하고 야단을 쳤습니다. 그 바람에 추운 현관 앞에서 밤이 깊을 때까지 집에 들어가지 못한 적도 있습니다.

어머니도 처음에는 싸우지 않게 하려고 여러 궁리를 하셨습니다. 예를 들어 반찬을 주더라도 형제에게 똑같이 나누어주십니다. 그러나 우린 "저쪽이 많아!" 하고 또 싸움을 시작합니다. 정말 어쩔 도리가 없었지요. 우리 집 반찬은 언제나 한 그릇에 가득 담아 나왔습니다.

저도 체격이 좋은 편이지만 형은 덩치가 더 컸습니다. 체격에서 상대가 되지 않으니 싸워서 이길 도리가 없습니다. 매일 식사 시간이 오는 것이 두려울 정도였습니다. 그러나 형에게 지면 빈 배를 채울 수 없습니다. 어떻게 해서든 팔꿈치를 쭉 뻗어 잘난 체하고 어깨를 으쓱대며 위압적 태도로 앞으로 밀고 나아가지 않으면 밥을 얻어먹을 수 없습니다.

　이런 형과는 지금도 얼굴을 맞대면 의견이 전혀 달라 어색한 기분이 들기도 하지만 저는 형제가 있어서 좋다고 생각합니다. 형제 관계는 일종의 생존경쟁이라고 생각합니다. 물론 먹느냐 먹히느냐 하는 정도는 아니어도 형과 동생은 가장 가까이 있는 경쟁 상대입니다. 먹을 것을 놓고 서로 다투는 원시적 투쟁심이 언제나 불타오르는 경쟁 상대입니다.

　새끼를 많이 낳는 동물의 세계에서는 형제라고 해도 약한 놈은 젖이나 먹이를 얻지 못하고 결국 죽는 것이 자연계의 냉정한 법칙입니다. 동물은 혼자서 독립하여 살아가기 전에 형제자매 간의 생존경쟁에서 살아남지 않으면 안 됩니다. 다른 형제자매보다 먼저 어미의 젖에 달라붙고 입을 크게 벌려 먹이를 받아먹어 빠르고 튼튼하게 자라지 않으면 생존경쟁에서 살아남지 못합니다.

　이런 환경에서 자라면 지기 싫어하는 성격이 되어 조그만 일에 기운이 꺾여 주저앉지 않는 강한 사람으로 자랍니다. 외동보다는 두 명, 두 명보다는 세 명으로 형제가 많은 편이 생존경쟁이 치열하고 저절로 자기 주장이 강한 개성적인 사람이 되지 않을까요?

헝그리 정신이 희박하다

홍콩이나 싱가포르 사람들은 대부분 영어가 유창합니다. 예전 식민지 시대의 종주국이 영국인 탓도 있지만 세계를 상대로 무역을 하며 번영한 탓도 있을 겁니다.

뒤집어 말하면 영어로 말할 수 없으면 사업도 할 수 없고 사회적 성공도 거둘 수 없습니다. 극단적으로 말하면 결국 이들 지역에 사는 사람들은 살기 위해 영어가 절대적으로 필요한 것입니다.

이것은 일본어 이외의 다른 언어를 못해도 어쨌거나 할 일이 있고 살아갈 수 있는 일본인과는 엄청나게 다른 차이입니다. 언어라는 측면에서 볼 때 일본인은 뜨뜻미지근한 체질에 완전히 젖어 있습니다.

최근 많은 중국인이 미국으로 유학을 옵니다. 그들은 학문을 연마해서 연구 성과를 얻으면 중국으로 돌아갑니다. 그렇기 때문에 중국 학자들 중에는 영어가 아주 유창한 사람들이 점점 늘고 있습니다. 일본에 있는 연구자들 중에는 다른 외국어를 구사할 수 있는 연구자가 매우 적습니다. 이대로 가다가는 중국과 격차가 크게 벌어질 수밖에 없습니다.

본래 중국인과 일본인은 서로 닮은 부분이 있습니다. 두 민족 모두 근면하고 성실합니다. 사고방식도 의외로 공통되는 부분이 많습니다. 그러나 큰 차이는 맨주먹(헝그리) 정신입니다. 중국인은 일본인과는 비교되지 않을 정도로 강한 맨주먹 정신이 있습니다. 최근 일본인에게서는 맨주먹 정신이 느껴지지 않는다는 말을 자주 듣는데 정말 그렇다고 생각합니다.

기술력도 중국인과 비교해볼 때 맨주먹 정신의 격차에서 지고 있습니다. 특히 일본 젊은이들은 어려움에 부닥치면 금세 포기하고 마는 것처럼 보입니다. 권투나 격투기 경기를 보아도, 새로운 사업을 시작하는 일을 보아도, 도전 정신과 맨주먹 정신이 희박합니다.

힘든 삶을 헤쳐 나아가 인생이라는 삶의 경쟁을 극복하는 에너지를 '생명력'이라고 바꾸어 말할 수도 있을 겁니다. 살려는 마음이 간절한 사람은 그만큼 도전정신이나 맨주먹 정신이 있고 강한 생명력을 품고 있습니다.

인간도 동물이므로 생명력이 있습니다. 왜 동물에게 생명력이 있느냐면 생존 욕구를 충족하기 위해서입니다. 개체로서 자신의 육체를 가능한 한 오랫동안 보전하려고 합니다. 종(種)으로서 자신을 생식에 의해 오랫동안 지구상에서 번성시키려는 겁니다.

요컨대 '죽고 싶지 않다'거나 '아이를 많이 낳고 싶다'는 등의 욕망입니다. 이런 욕구는 생명력이 없으면 채울 수 없습니다. 현재의 일본을 덮고 있는 저출산 경향은 장래에 대한 불안과 자녀양육의 어려움 때문만이 아니라 생명력의 저하를 의미하는 것 같아 염려가 됩니다. 자녀를 적게 낳고 그 위에 태어난 그 자녀들의 생명력마저 약해지고 있는 나라가 일본이라는 생각을 합니다.

자신의 아이가 왕성한 생명력을 갖고 자라면 좋겠다고 바라는 부모가 저만은 아닐 겁니다.

아이들의 생명력과 생존력을 키워주자

일단 이 세상에 생명으로 태어난 이상 온 힘을 다해서 살아가야 합니다. 사람은 어느 시대에도 그렇게 생각합니다. 다른 사람은 몰라도 적어도 저는 그렇게 믿고 살아가고 있습니다.

제아무리 과학기술이 진보하고 사고방식이 다양화하여도 인간이 죽음에 대하여 지니는 공포감은 사라지지 않습니다. 아무리 힘들고 어려워도 왜 살아가는 것일까요?

그것은 죽는 것이 무섭기 때문입니다. 그것 말고는 없습니다. 누구든 어릴 적에 '사람은 죽으면 어떻게 되는 것일까' 하고 한 번쯤 생각해보았을 것입니다. 천국이나 지옥이 있는 것 같기도 하고 아닌 것 같기도 하고 그래서 천국이나 지옥의 존재에 대하여 혼자 묻고 혼자 답한 적도 있을 겁니다.

그러나 이것만은 확실합니다. 죽고 나면 모든 것이 끝이라는 겁니다. 사후 세계가 있을지 없을지 모르는 이상 미지의 세계에 대한 공포는 근원적인 것입니다. 한마디로 말하면 인간을 포함한 동물은 죽는 것이 싫어서 살아갑니다. 인생의 본질을 추구하면 궁극적으로는 이러한 결론에 도달합니다.

그래서 이 결론을 어떻게 받아들이느냐에 따라 그 사람의 한평생, 그 사람의 삶의 방식이 정해지는 것이 아닐까요? 죽고 싶지 않다는 것을 소극적으로 생각하여 시작한 일을 제대로 마무리도 하지 않고 중간에 흐지부지 대충대충 끝내는 사람도 있습니다. 죽지 않을 정도로 적당히 살아갑니다. 물질적으로 풍요로운 일본에서는 이런들 어떠하리 저런들 어떠하리 하며 삶을 사는 것도 가능할지 모르겠습니다.

물론 인간은 즐기고 싶고 게으름을 피우고 싶다는 마음이 있습니다. 그 결과 풍요롭고 먹고 사는 데 고생하지 않아도 되는 일본에서는 중도반단(中途半斷), 즉 흐지부지하는 삶을 선택하는 사람이 점점 늘어나고 있습니다.

반대로 주어진 환경 속에서 어쨌든 살아가야 한다면 최선을 다하여 온 힘으로 살아가자고 적극적으로 인생을 받아들이는 사람도 있습니다. 언제나 다른 사람보다 더 높은 곳을 바라보고 자기 자신이 설정한 목적을 달성하기 위하여 노력합니다. 지는 것을 싫어하는 사람으로 자신의 힘을 믿고 살아가는 사람들입니다.

자신의 인생입니다. 어떻게 살 것인지는 그 사람의 자유입니다. 타고 나는 성격도 사람마다 각양각색입니다. 어느 쪽이 좋고 나쁜지 한마디로 말할 수는 없습니다.

그러나 원래 인생에 그 정도면 괜찮다거나 중간이라고 할 만한 것이 있을까요?

생각을 끝까지 밀어붙여 보면 생존경쟁은 사느냐 죽느냐 하는 것입니다. 요컨대 전부(All)냐 전무(Nothing)냐 양쪽 중 어느 한쪽입니다. 살아 있다는 것은 생존경쟁에서 살아남은 승자라고 말할 수 있습니다.

사람으로 태어난 이상, 스스로 죽음을 선택하지 않는 이상, 이 세상에 나와서 자신의 힘으로 살아가지 않으면 안 됩니다.

앞으로 세계화가 진행되면 노동 환경은 점점 더 어려워집니다. 국제 환경이 조금만 변해도 냉엄한 생존경쟁에 휘말리는 상황이 될 겁니다.

아이들에게는 생명력이 있으며 본래 본능으로서의 생존욕구를 지닙니다. 그것을 조금만 키워주면 아이들은 최선을 다하고 언제나 더 나아지려는 마음을 지닐 것입니다. 그리하여 아이들이 그런 능력을 갈고 닦아 빛나게끔 해주는 것이야말로 부모와 사회의 역할입니다.

스포츠로 끈기를 키워라

저는 중고등학교 시절 쭉 배구부에서 운동했습니다. 체육부라서 연습은 당연히 힘들었습니다.

배구부는 신입부원을 연습시킬 때 공을 던져서 지고 싶지 않다는 강한 마음가짐과 굳센 정신력이 있는지 알아봅니다. 일부러 받기 어렵게 공을 던진 후 얼굴 표정을 보면 헝그리 정신이 있는지 없는지 알 수 있습니다. 어떤 후배는 '이 자식 두고 봐' 하고 얼굴에 쓰여 있습니다. 그런 후배는 체육부 활동으로 단련되는 동안 맨주먹 정신이 쑥쑥 자랍니다. 반대로 그런 연습을 조금만 계속해도 바로 그만두거나 지쳐 쓰러지는 후배도 있습니다.

헝그리 정신은 아무리 열심히 가르치더라도 몸에 배지 않습니다. 아무리 힘든 연습을 해도 맨주먹 정신이 되는 일은 거의 없습니다. '질 수야 없지. 마지막에는 반드시 이기고 말거야.' 이런 마음가짐은 형제가 싸울 때도 마찬가지입니다. 만약 부잣집 외동아들이었다면 아마도 이런 식으로는 자라지 못할 테지요.

이와 같은 지기 싫어하는 근성을 중학교, 고등학교 배구부에 다니면서 기르게 되었습니다. 그런데 '근성'으로 힘을 다해보지만 전력이 약한 팀이라 시합에서는 지기만 했습니다.

왜 지는 것일까? 그 원인을 모든 배구부원이 머리를 맞대고 이야기해보지만 결론은 '근성을 가지고 온 힘을 다하는 것뿐이야' 하는 다람쥐 쳇바퀴 도는 이야기입니다. 체력을 키우려고 토끼뜀만 반복합니다. 돌이켜 보면 쓸데없는 일을 한 것입니다.

그렇지만 그런 경험은 어딘가에 도움이 될 때가 옵니다. 인생에 쓸데없는 노력은 없습니다. 생각하기에 따라 쓸데없음도 귀중한 재산이 되기도 합니다.

태어날 때부터 생명력이나 생존욕구, 헝그리 정신이 하나도 없는 아이는 없습니다. 누구나 조금씩은 지니고 있습니다. 제 경험을 비추어보면 자라난 환경이 중요합니다. 특히 형제는 서로 생존경쟁을 거치며 단련되고, 경쟁심을 키워나가면서 저절로 헝그리 정신을 얻습니다.

저는 지기 싫어하는 성격이어서 '이 자식 두고 보자' 하는 정신이 다른 사람보다 배 이상 더 강합니다. '이 자식 두고 보자. 이대로 당하지는 않을 거야' 하는 마음가짐은 형과 생존경쟁을 벌이면서 아주 크게 자라났습니다. 조그만 씨앗도 키우면 크게 됩니다. 아이들이 본래 지닌 맨주먹 정신을 크게 키우는 데에는 이와 같이 스포츠가 많은 도움이 될 것입니다.

물론 경쟁에 이겨 살아남는 것만이 인생은 아닙니다. 아이들이 지기 싫어하는 성격으로 맨주먹 정신이 왕성한지 아닌지는 타고난 성격에 좌우하기도 합니다. 악착스럽지 않고 성숙하고 조용한 성격으로 자랐으면 좋겠다고 하는 부모도 있습니다.

그러나 이왕에 하늘로부터 받은 생명입니다. 인간, 누구라도 한 번은 죽습니다. 그 아이가 자신의 능력과 재능을 살려 자립하여 즐거우며 삶의 보람이 있는 인생을 보내는 것이 좋지 않겠습니까?

싸움이나 괴롭힘은 성장을 위한 과정

사람은 사고방식이나 개성에 따라 몇 가지 유형으로 나눌 수 있습니다. 한마디로 말할 수는 없지만 어떤 종류의 특별한 체험이 사고방식이나 개성에 크게 영향을 주기도 합니다. 어릴 적 자라난 환경이나 선생님, 친구와의 만남도 그중 하나입니다.

해외에 가본 적이 있는지, 어떤 음식을 좋아하는지 등 다양한 기준으로 몇 가지 유형으로 나눌 수도 있습니다. 전학도 그러한 경험 중 하나입니다. 초·중등학교 시절에 전학을 해본 경험은 인간의 사고방식과 인격 형성에 영향을 미치는 중요한 요인입니다.

지금은 사람들의 이동이 아주 많은 시대라서 전학생이 점점 증가하고 있습니다. 외국에서 귀국한 아이도 있을 것이고 외국인 노동자의 자녀도 들어옵니다. 전학생이라는 존재도 예전과는 달리 그다지 보기 드문 존재가 아닐지도 모릅니다.

전학 경험이 없는 사람도 전학생과 접촉한 적은 있을 겁니다. 아이들 세계에서 지금까지 본 적도 없는 다른 아이가 나타난다는 것은 지극히 자극적인 사건입니다. 따라서 전학 경험이 없는 사람도 전학생이 왔다는 것만으로 묘하게 신경이 쓰이는 경험을 했을 겁니다.

전학생은 그런 학급 속으로, 학교 전체가 주목하는 장소로 들어가야 합니다. 담임선생님은 물론 학교에 속하는 전원이 처음 만나는 사람입니다. 새 학교에서 자신을 잘 받아들일까? 새 학급에는 어떤 아이들이 있을까? 벌써 이런저런 생각에 가슴이 두근두근거리는 대단한 경험이지요.

저도 전학생이었습니다. 앞서 말씀드린 것처럼 초등학교 1학년 때 오쿠라는 시골마을에서 오즈시의 초등학교로 전학을 갔습니다.

역시 전학생은 눈에 띄는 존재입니다. 단조로운 일상에 새롭게 나타나 들어온 낯선 존재입니다. 받아들이는 쪽의 학급 아이들도 긴장하고 있다는 것을 알 수 있습니다. 이쪽에도 그것이 전해오기에 똑같이 많이 긴장합니다.

오즈라는 마을은 오쿠라는 시골에서 자란 저에게는 아주 큰 대도시로 다가왔습니다. 그러다 보니 자신도 모르게 몸이 긴장합니다. 처음 학교에 가는 날은 신경이 팽팽하게 곤두섰습니다.

똑같은 에히메현이라고 하여도 사용하는 말부터 오쿠와 오즈는 서로 달랐습니다. 지금 돌이켜보면 참 바보 같은 이야기지만 오즈의 아이들은 도시적이고 대단히 세련된 것처럼 보였습니다.

친구도 없고 자신의 말투가 부끄러워 거의 아무 말도 안 하고 입다물고 있었습니다. 팽팽하게 긴장하고 있던 터라 자연적으로 등의 근육도 딱딱하게 굳어 바른 자세로 앉아 있을 수밖에 없었습니다.

오즈에서는 수업 내용도 앞서 나가 있어서 처음에는 따라갈 수 없었습니다. 어쨌든 착실한 태도로 어른스럽게 수업을 들었습니다. 한 마디로 말해서 얼핏 보면 어른스럽고 별로 말도 없이 자세가 바르고 착실한 소년의 됨됨이를 가진 것이지요. 오쿠에서 설치고 다녔던 촌놈이 착실하고 착한 아이가 되어 버린 것입니다.

새로운 환경에서는 그전의 제 모습이 잘 알려져 있지 않기 때문에 거기에서는 최초의 모습이 쭉 따라다닙니다. 담임선생님이나 새로운 학급의 친구들은 저를 착실하고 착한 아이라고 머릿속으로 생각할 겁니다.

사람은 참 재미있는 존재라 주위의 이미지와 자신의 본 모습이 다소 차이가 있다고 하여도 그 이미지와 같이 행동하기도 합니다. 전학은 자신의 이미지를 완전히 새롭게 만들어내는 기회이기도 합니다. 그와 동시에 그것의 영향을 받아 자신도 모르는 사이에 성격조차 변하기도 합니다. 이렇게 해서 어느새 자신도 모르게 저는 주위 사람들의 기대를 받는 착실하고 착한 아이가 되어 있었습니다.

어느새 괴롭힘을 단속하는 아이가 되어 있었다

우리 남매는 누나가 저보다 네 살 위이고, 형은 저보다 두 살 위입니다. 동생은 저와 한 살 차이입니다. 그래서 제가 초등학교 2학년일 당시 1년 동안은 남매 전원이 같은 초등학교에 다녔습니다.

오쿠의 초등학교는 한 학년 학생이 대략 10명입니다. 한 학년에 한 학급만 있고 한 학급의 학생 수가 그 정도이기 때문에 형제는 물론 학년과도 관계없이 고학년이나 저학년 모두 함께 어울려 놀았습니다. 그런 가운데서는 아이들도 모두 사이좋게 서로 돕습니다. 형과는 집에서 싸움만 했지만 아이들끼리 함께 놀 때는 그런 일은 없었습니다. 작은 아이가 울고 있다면 조금 더 나이 많은 아이가 달래주기도 하고 울게 만든 아이를 혼내기도 하였습니다.

물론 모두 아이들입니다. 괴롭히기도 하고 괴롭힘을 당하기도 하지만 모두 함께 노는 과정에서 약한 아이를 괴롭히는 것은 안 된다고 하는 철칙 같은 것을 배운 것 같습니다.

오즈로 전학 간 저에게는 착실하고 착한 아이라는 이미지가 붙었지만, 학급 전체에서 두 번째로 덩치도 크고 초등학교 저학년 당시에는 체육도 곧잘 해선 학급에서도 뭐 좀 있는 것 같은 인정받는 존재가 되어 있었습니다.

오쿠 사투리를 쓰지 않으려고 여전히 조심하는 어느 날이었습니다. 쉬는 시간에 복도에서 소동이 일어났습니다. 키가 작고 체격도 호리호리한 남자아이를 억세게 보이는 골목대장 같은 아이가 짓궂게 찝쩍거리며 괴롭히고 있었습니다.

'약한 아이를 괴롭히는 것은 참을 수 없어!'

저는 반사적으로 교실에서 뛰어나갔습니다. 그리고 그 작은 아이를 괴롭히는 남자아이에게 "야! 이 자식! 그만 두지 못해. 당장 그만 둬." 하고 경고했습니다.

정의감이라고 할 정도는 아니었습니다만, 친구들끼리는 사이좋게 지내지 않으면 안 된다고 하는 마음이 강했습니다. 그 이후로 누군가를 괴롭히는 것을 볼 때마다 괴롭힌 아이를 혼내주었습니다. 함께 놀고 있다가도 사이좋게 지내는 것을 방해하는 녀석이 있으면 따끔하게 혼내주었습니다.

착실하고 착한 아이라는 것에 더해서 이번에는 괴롭힘을 단속하는 남자아이! 어쩌다보니 그런 이미지가 붙어버렸습니다. 담임선생님도 "나카무라를 본받아 봐." 하고 말씀하셨고 그러다 보니 학급반장이 되기도 했습니다.

괴롭힘이나 싸움을 통해 아이는 자란다

초등학교 시절에는 주먹다짐도 곧잘 했습니다. 이것도 괴롭힘(이지메)이 원인입니다. 초등학교 5학년 때입니다. 괴롭힘으로 악명이 높은 아이가 있었는데 하루는 약한 아이를 몹시 괴롭히기에 학교에서 치고받는 싸움을 하고 말았습니다.

상대도 필사적으로 달라붙었지만 저도 어느새 형과 싸우면서 능숙한 싸움꾼이 되어 있었습니다. 정신을 차려 보니 그 아이는 피투성이가 되어 복도에 내동댕이쳐져 있었습니다. 살펴보니 앞니 세 개가 부러져 급히 보건실로 데리고 갔습니다.

엄청난 싸움이 되어 선생님께 엄한 꾸지람을 들었습니다. 그러나 상대도 아주 질이 나쁜, 다른 아이를 괴롭히는 아이인지라 주위에서 오히려 저를 더 많이 동정해주어 그다지 큰 사건으로 번지지는 않았습니다.

아이들 싸움은 일단 상대를 혼내주고 나면 상대는 이쪽이 무서워 더 이상 달려들지 않습니다. 초등학교를 졸업할 때까지 앞니가 빠진 채로 조용하게 지내던 그 아이의 모습이 생각납니다.

괴롭힘이든 싸움이든 아이들 세계에는 그런 것들이 있게 마련입니다. 제 어린 시절의 괴롭힘과 요즈음 학교에서 문제가 되는 괴롭힘은 질이 다르다는 의견도 있습니다. 그러나 인간이 집단을 이루면 언제라도 집단 내에서 괴롭힘이 발생합니다.

특히 아이들은 본래 잔혹함을 어느 정도 지니고 있습니다. 저도 어렸을 때 개구리를 낚는다든지 쇠구슬로 참새를 잡기도 하였습니다. 어른이 된 지금은 도저히 생각할 수 없을 정도로 잔혹한 일이지만 태연하게 저지르는 것이 아이들입니다. 잔혹하기 때문에 상대의 기분을 생각해보지도 않고 나아가서는 괴롭히기까지 합니다. 싸우더라도 상대가 피를 흘리는 폭력은 자제해야 합니다. 그런데 그것을 모릅니다.

'지나치게 괴롭히면 괴롭힘 당하는 상대는 어떤 기분일까? 싸움을 하면 어떻게 될까?'

이와 같은 것을 아이들끼리 놀면서 경험하고 반성하고 또 후회하면서 성장하는 것이 인간입니다. 여러 놀이를 경험하면서 아이들끼리 서로 부딪치면서 자연히 다른 사람의 아픔이나 기분을 알게 됩니다.

자연 상태에서 인간 각자는 경쟁 상대입니다. 먹을 것이 없는 극한 상태에서는 힘세고 건강한 인간이 살아남습니다. 또 지도자가 되어 집단을 이끌려는 권력욕 때문에 서로 싸우기도 하고, 이성(異性)을 사이에 두고 서로 싸우기도 합니다.

그러나 동시에 인간은 혼자서는 살 수 없습니다. 집단을 형성하는 것은 본능이 아닐까 합니다. 많은 사람이 모여서 서로 도우며 살아가는 것입니다.

유전자의 차이라는 점에서 본다면 사람과 침팬지의 유전자는 약 1.2퍼센트밖에 다르지 않다고 합니다. 이 차이를 어떻게 받아들일까 하는 것은 어려운 질문이지만 단순히 말하면 결국 인간은 원숭이의 일종이라는 것입니다. 요컨대 인간의 높은 수준의 행동도 그 시작을 탐구해보면 근원적인 욕망이나 본능이 기본이라고 말할 수 있지 않을까요?

오랑우탄을 제외하면 원숭이 같은 부류는 무리를 짓는 것이 일반적입니다. 일본원숭이는 물론 고릴라나 침팬지도 무리를 지어서 행동합니다. 인간도 그와 같습니다. 인간은 사회를 만들어 생존경쟁과 서로 돕는 상반된 행동패턴 속에서 균형을 취하면서 살아갑니다.

아이들은 어른이 되어 가는 발달 과정에 있는 동시에 인간의 근원적인 본능이 행동으로 나타나기 쉬운 시기에 놓여 있습니다. 괴롭힘이나 싸움은 이러한 발달 과정 속에서 본능이 노골적으로 드러나는 것입니다. 그런 의미에서도 괴롭힘이나 싸움이 있는 것은 당연합니다.

이 본능을 자신이 나름대로 어떻게 조절하고 어떻게 억누를 것인가? 아이들이 집단으로 모여서 생활하는 학교라는 공간에서 그것을 배우는 것입니다.

인간관계는 삶의 중요한 요소

인간은 사회적 동물이라고 합니다. 인간관계는 살아가는 데 매우 중요한 요소입니다. 어떤 인간관계를 형성하고 있는지에 따라서 행복한 삶을 보낼 수도 있고 정신적인 병에 걸려 죽음에 이르기도 합니다. 산 속에서 홀로 사는 신선이 아닌 이상 살아가려면 인간관계를 잘 맺는 방법을 배우고 익히지 않으면 안 됩니다.

저는 어릴 적부터 다른 사람의 생각을 짐작하거나 다른 사람이 어떤 행동으로 나올지 미리 예측을 잘 했습니다. 이것은 아이 때 숨바꼭질이나 구슬치기 같은 놀이를 하면서 배운 것입니다.

그 덕분인지 어른이 되어서도 상대가 무엇을 생각하고 있으며, 무엇을 원하는지 비교적 잘 알아차렸습니다. 따라서 최근까지는 인간관계 때문에 고민한 적은 그다지 없습니다. 돌이켜보면 부모님과 선생님은 언제나 "친구랑 사이좋게 지내렴." 하고 말씀하셨고 전학생이 된 탓에 착실하고 착한 아이로 변해버려 이런 성품이 점점 더 강해졌습니다.

상대 친구가 무엇을 생각하고 있는지 잘 알기에 상대에 맞추는 것도 가능합니다. 사람과 사귀는 것도 잘해서 자연히 친구가 많습니다. 대학원을 졸업하고 회사원이 되고 나서는 제품을 연구 개발하는 부서에 근무했습니다만, 중요한 거래 회사에 제가 개발한 제품을 설명하러 간 적도 있습니다.

원래는 영업 담당자가 해야 하는 영업 접대까지도 어느 틈엔가 떠맡게 되어 손님을 모시고 도쿠시마의 밤거리를 몰려다닌 적도 있습니다. 그럴 때도 인간관계를 만들어간다는 것에 거부감이 없는 저는 연구개발자이면서 영업 접대 등도 실수 없이 해나갈 수 있었습니다.

물론 영업직은 인간관계가 필수입니다. 그러나 어떤 직업이나 부서도 사람 관계를 원활히 하는 것은 매우 중요합니다. 전 직장에서도 부하 직원과는 어디까지나 대등한 관계로 지냈습니다. 부서가 개발과라서 좋은 제품을 만드는 것이 목적입니다. 만일 상사라고 하여 자신의 아이디어를 우선적으로 채택하거나 부하가 의견을 제시하기 어려운 관계라면 일을 제대로 할 수 없습니다.

제가 일하는 방법은 항상 어떤 사람이라도 친구처럼 대하는 것입니다. 부하 직원이라도 대등하게 대해야 열심히 하고 싶은 마음이 저절로 우러나올 것이고 조그만 아이디어의 씨앗이라도 대등한 입장에서 토론해야 큰 성과로 발전시켜 나갈 수 있습니다.

현재 제가 진행하는 연구도 대학에서는 여러 명의 조수나 학생이 함께하고 있습니다. 그들의 능력이나 도움이 없다면 그 연구를 해나갈 수 없습니다. 공동연구도 마찬가지입니다. 동료 교수나 연구자와 사이좋게 지내지 못하거나 원만한 인간관계를 형성하지 못하면 뛰어난 발명 등을 기대하기는 어렵습니다.

따라서 위에서는 무조건 명령하고 밑에서는 희희낙락 따를 수밖에 없는 상명하달식 방식으로는 좋은 제품을 개발할 수 없습니다.

지금의 일본 경제가 정체하는 원인 중 하나도 뭔가 입바른 말을 하면 반드시 앙갚음을 당하니 차라리 아무 말도 안 하는 게 낫다는 식의 직장 환경 탓도 있지 않은가 하는 생각이 듭니다.

자유롭고 평등한 인간관계는 모든 것의 기본

어릴 적부터 두 살 위의 형에게 윽박지름을 당하면서 큰 탓인지 연공서열이나 장유유서 같은 사고방식에는 반발심이 강합니다. 학교의 선후배 사이나 회사의 상하관계 등에서 실력도 제대로 갖추지 않았으면서 위세를 떠는 사람을 경멸합니다. 이러한 감각도 인간관계를 제대로 해나가려면 없어서는 안 된다고 생각합니다. 원래 인간 사이에 상하의 구별은 없습니다. 어떠한 사람이라도 똑같이 평등해야 합니다.

사소한 차이를 침소봉대하여 왈가왈부하고, 마치 자신이 대단한 것처럼 과시하는 사람에게는 신물이 납니다. 초등학교 시절에 다른 아이를 괴롭히는 아이에 대하여 저항감을 품은 것도 이런 성격이 강한 탓인 것 같습니다.

미국에서는 대부분이 실력주의입니다. 대학 안에서도 나이에 따른 상하관계 같은 것은 없습니다. 학생이 학장이나 교수를 친구처럼 이름을 부릅니다.

이런 환경에서 일하는 것은 저에게 큰 행운입니다만 일본에서는 아직도 나이가 위라거나 직위가 높다는 이유만으로 상대를 불쾌하게 만드는 태도를 취하는 사람이 많습니다. 이전에 있던 일본 회사에서도 실력도 없으면서 위세를 부리는 사람들이 있었습니다.

일본에는 실력도 없으면서 잘난 척하거나 위세를 부리는 사람이 너무 많습니다. 예를 들면 세습 국회의원이나 대기업 회장의 자녀 등입니다. 단지 혈연관계라는 것만으로 부모가 쌓아올린 지위나 명예를 물려받습니다. 국회의원의 면면만 보아도 일본은 세습제의 봉건시대가 아닌가 하는 생각이 들 정도입니다.

자신의 지위를 자랑하고 밑의 사람을 깔보는 인간에게 진심으로 마음을 주는 사람은 없습니다. 만약 있다고 하여도 면종복배(面從腹背)이고 겉으로만 비위를 맞출 따름입니다.

실력만 묻는 연구개발 현장에 상하관계가 있다는 것은 너무나 분명한 폐해입니다.

그러나 단지 일을 순조롭게 해나가려고 대등하게 행동하는 것은 아닙니다. 목적과 수단은 언제나 일치해야 합니다.

인간 사이에는 상하가 없다는 기본적 발상이 자신의 마음속에 없다면 실제의 일상생활에서 평등하게 행동하려고 해도 될 리가 없습니다. 마음속 깊은 곳에서 자유를 사랑하고 평등 정신이 없다면 곧 가면은 벗겨집니다.

원만한 인간관계도 중요합니다. 그와 동시에 이치에 맞지 않는 연공서열에 대하여 '아니오(No!)'라고 이의를 제기할 수 있어야 합니다. 자신의 자녀가 다른 사람에게 불손하고 거만한 사람이 되기를 바라는 부모는 없을 겁니다. 자녀가 어른이 되어 제아무리 공을 쌓고 이름을 높이더라도 겸허하고 친절하며 다른 사람의 아픔을 함께 깊이 슬퍼하는 마음을 가진 사람이 되기를 바랄 것입니다.

자녀는 부모의 태도를 보면서 자랍니다. 당신이 부모라면 자신 속에 차별적이고 오만불손한 마음가짐이 혹시나 있지 않는지 생각해 보기 바랍니다.

칭찬으로 아이들의 재능을 키워라

당신은 "잘하는구나, 잘하는구나!" 하고 칭찬을 받으면 실력이 나아지는 유형인지, 아니면 잘 못한다고 비난받아야 실력이 발전하는 유형인지요? 자신이 어느 쪽이라고 생각하는지요?

저는 단순하기 때문에 비난을 받으면 '분하다'라고 생각해 힘을 내는 타입입니다. 그러나 모든 사람은 원래 이 두 가지 요소를 다 가졌다고 생각합니다.

교육에서는 꾸짖는 것과 칭찬하는 것을 능숙하게 구분해서 사용하여 아이들에게 도전하려는 마음을 불러일으키는 기술이 필요합니다. 그렇지만 부모는 자칫하면 자녀에게 지나치게 가까이 가버리기 때문에 자녀를 객관적으로 칭찬하거나 꾸중하기가 매우 어렵습니다.

여기서 학교 선생님이 등장할 차례입니다.

지금까지 일본의 기본 교육은 아이들이 낙오하지 않는 방향으로 진행되었습니다. 달리기를 할 때 순위를 매기지 않고 결승선 앞에 먼저 이른 아이가 기다리는 분위기는 이런 가운데서 나타난 것입니다. 달리기에서 진 아이는 '억울하다'고 느끼고 남모르게 출발하는 연습을 하거나 자신이 잘할 수 있는 다른 분야에서 이기려고 노력하는 것이 당연히 가져야 할 일반적 모습이 아닐까요? 순위를 매기는 것을 두려워해서는 이와 같은 '억울하다'는 정신이 나올 수 없고 다른 분야의 재능도 발휘하기 어렵습니다.

아이들에게도 여러 유형이 있습니다. '분하다'고 느끼는 아이도 있고 져도 그다지 억울하다고 여기지 않는 아이도 있을 겁니다. 억울하다고 느끼는 아이는 야단맞으면 분발하여 실력을 늘려가는 요소가 강한 유형이겠지요. 이런 유형이 이제는 소수일지도 모르겠습니다.

달리기처럼 아이들이 잘하고 못하는 결과가 뚜렷하게 나타나는 경우는 사실 따로 칭찬하거나 꾸중하지 않아도 됩니다. 그들 자신이 이겼다거나 졌다는 사실을 잘 알기 때문입니다. 학교 시험이라면 점수로 잘했는지 못했는지 확실히 알 수 있습니다. 시험은 점수가 좋은 아이가 더욱더 열심히 하고 싶은 마음을 생기게 하는 제도이기도 합니다.

졌을 때 분하다는 느낌을 조금이라도 갖지 않는 사람은 없습니다. 아이들은 우리가 생각하는 것 이상으로 복잡한 존재입니다. 져서 억울한데 그 억울함조차 밖으로 나타내지 않을 수도 있습니다. 단순히 억울하다고 느끼는 아이보다 억울함을 나타내지 않는 아이가 부모님이 대응하기 더 어려울지 모르겠습니다.

억울함을 거의 표현하지 않는 아이에게는 "잘했어. 잘했어." 하고 칭찬하는 편이 좋을 것 같습니다.

하루 한 번 자신의 아이를 칭찬하면 어떨까요? 어쩌면 아이가 그것으로 인하여 생각지도 못한 자신감을 얻을 수 있지 않을까요?

아이의 인격을 존중하여 칭찬하자

그런데 칭찬하거나 야단치는 것은 높은 곳에서 아이를 내려다본다는 시점에서 하는 행동입니다. 아이를 자신과 대등한 하나의 인격체로 인정한다는 발상은 아닙니다.

요즈음 아이들을 보면 가엽습니다. 학교에서는 교사에게 야단맞고 집에 오면 부모님께 혼납니다. "잘했어, 잘했어." 하고 칭찬하는 어른이 거의 없습니다. 야단만 맞고 자란 아이는 자신감이 없습니다. 자존심이나 자주성이 자리 잡지 못합니다.

아이만이 아니라 어른도 마찬가지입니다. 아버지에게 훌륭하다고 말하는 사람이 없습니다. 회사에서는 엉덩이를 걷어차이고 집에서는 무시당합니다. 자신이 칭찬받으면서 자라지 못했기 때문에 제대로 칭찬하는 법을 모릅니다. 이렇게 되다보니 칭찬을 못하는 악순환이 됩니다.

교육이라는 단어 속에 아이라는 존재는 어딘지 모르게 완성되지 못한 존재이기에 어른이 방향을 정하여 이끌어가지 않으면 안 된다는 뉘앙스가 있습니다. 물론 아이를 가르치고(敎) 키우는(育) 것이 교육(敎育)이기 때문에 아이의 성장을 돕는다는 면이 있습니다. 아이가 지닌 재능을 꽃피우는 것이 교육의 목적이라고 생각하기 때문에 좋은 점을 칭찬하고 신장시킨다고 하는 방법은 없어서는 안 됩니다.

그러나 칭찬은 상대의 인격을 인정하고 존중하지 않으면 그저 치켜세우거나 아첨이 되고 맙니다. 부모님이나 선생님이 아이와 대등한 존재가 될 때 비로소 칭찬한다는 행위가 의미를 갖게 됩니다.

일본 사회는 인간을 하나의 인격으로 존중하고 인정하는 문화가 아직도 확립되어 있지 못합니다. 이건 하면 나쁘고 저건 해서는 안 된다고 나라와 관리가 전체를 결정합니다. 국민은 그 결정대로 따라야 합니다. 자신이 결정하고 자신이 행동하는 것이 안 되는 것입니다.

인간은 그냥 내버려두면 무엇을 해야 할지 모르는 불완전한 존재라는 발상이 일본 관료의 사고방식입니다. 그야말로 아이처럼 취급한다고 말하면 아이들에게 실례의 말이 될지 모르겠습니다.

아이도 어른과 마찬가지로 인간인 이상 누구의 지시도 받지 않고 자유롭고 대등한 관계를 만들어 갈 수 있습니다. 하나의 독립한 인격으로 존중받아야 합니다. 원래는 교육에도 이와 같은 사고방식이 있어야 마땅합니다. 그런데 아이는 어른이 친절하게 가르치고 이끌어 실패하지 않게 인도해야 하는 존재에 지나지 않다는 발상이 교육의 밑바닥에 뿌리를 내리고 있습니다. 이 생각을 바꾸지 않으면 아이는 자신감을 갖지 못하고 아무리 시간이 흘러도 생명력이나 맨주먹 정신을 지니지 못합니다.

한번 어른의 시선을 아이의 눈높이에 낮추어 내려보면 어떨까요? 한 명의 인간으로서 아이를 바라보고 존중하고 만나보면 그 아이가

정말로 좋아하는 것과 장래의 꿈, 숨어 있는 재능을 반드시 발견할
수 있습니다. 그것이 바로 교육의 목적이기도 합니다.

전 세계가 무시한 재료에 명운을 걸다

저는 1993년 말에 고휘도 청색 LED라는 반도체 소자를 세계에서 처
음으로 발명했습니다. 당시 도쿠시마현 아난시에 있는 니치아 화학공
업이라는 작은 회사의 샐러리맨 연구자였지만 해고될 각오를 하고 사
장에게 직접 건의하여 청색 LED 제품개발안을 통과시켰습니다.

청색으로 빛나는 LED는 그때까지 오랫동안 전 세계 연구자와 연
구기관이 총력을 기울였지만 성공하지 못한 기술입니다. "20세기 안
에는 불가능하다."고까지 이야기하였습니다.

그와 같은 세계 최초의 발명을 지방의 조그마한 회사의 연구원에
지나지 않던 제가 거의 혼자 힘으로 실현했습니다. 처음에는 복권에
당첨된 것 같아 저 자신도 믿을 수가 없었습니다.

LED는 반도체의 발광소자(빛을 내는 부품물질)입니다. 예를 들면 저
를 노벨 물리학상 수상자로 발표할 당시의 발표자가 반짝하고 비추
었던 것처럼 스마트폰에 붙어 있는 불빛이 LED입니다. 번화가의 거
대한 대형 화면도 붉은색과 파란색, 노란색의 LED가 모여서 다양한
색깔의 빛을 냅니다.

청색과 녹색 LED를 발명하기 전까지 LED는 주로 붉은색이었습
니다. 빛을 내는 색은 적색에서 청색으로 갈수록 파장이 짧아집니다.

LED도 파장이 비교적 긴 황색까지가 그 당시 할 수 있는 최대 한계로, 파장이 짧은 녹색이나 선명한 청색의 빛을 내는 LED는 만들 수 없었습니다.

붉은색이나 적황색을 만들 때 이용하는 종래의 재료로는 청색이나 녹색의 빛을 만들 수 없었습니다. 새로운 재료를 이용해야 파장이 짧은 빛을 만들 수가 있습니다.

LED는 화합물 반도체입니다. 자연 상태에는 존재하지 않는 물질을 두 가지 이상 조합하여 인공적으로 만듭니다. 얼른 보면 조그만 돌가루 같습니다.

LED가 빛을 내는 원리를 간단하게 설명하겠습니다. 전기를 통하면 그 반도체 안으로 전자가 통과합니다. 그때 정공(正孔)이라고 부르는 구멍과 같은 곳에 전자가 들어갑니다. 전자와 정공이 결합한 에너지가 빛으로 바뀌어 빛을 발하는 것입니다.

청색 LED를 실현하는 데 필요한 새로운 화합물 반도체 후보로는 크게 두 종류로 셀레늄화아연과 질화갈륨이 있습니다. 전 세계 대부분의 연구자가 셀레늄화아연 쪽에 가능성이 있다고 보았기 때문에 질화갈륨을 선택한 사람은 극히 적었습니다. 왜 질화갈륨으로는 안 된다고 생각했는가 하면 결정으로 성장하기가 어렵고 결정으로 성장해도 결함이 있는 결정(결정결함)의 수가 너무 많기 때문입니다. 원리적으로 결정결함이 많으면 LED로서 빛을 낼 수 없다고 여겼습니다.

전 세계가 셀레늄화아연을 선택하고 있었습니다. 일반적으로 유사한 방향으로 연구개발을 하게 마련인데 저는 감히 비상식적인 질화갈륨을 사용하기로 했습니다. 다른 사람과 같은 방법으로 하는 것은 의미가 없다고 생각한 점도 있습니다. 제품개발의 핵심은 다른 회사보다 기술적 우위를 점하는 것이기 때문입니다.

사실은 절반쯤은 막무가내 심정으로 어차피 할 거라면 다른 걸로 해보자는 마음도 크게 작용했습니다. 또 질화갈륨은 경쟁 상대의 연구자가 적었기 때문에 논문을 쓰기 위한 연구대상으로도 안성맞춤이었습니다. 게다가 회사에서 신제품 연구개발자는 저 혼자였기 때문에 질화갈륨이라는 비상식적인 선택에 대해 누구 하나 이의를 제기하지 않았습니다. 그 점에서는 행운이라고 할 수 있습니다. 만약 여러 사람이 한 팀이 되어 시작했다면 물질을 선택하는 시점의 회의에서 분명히 다른 방향으로 나아갔을 것입니다. 비상식적 의견이 회의에서 통과되는 일은 거의 없기 때문입니다.

전 세계가 안 된다고 내던져버린 '가망 없는 아이', 그것이 바로 질화갈륨입니다. 결과적으로는 셀레늄화아연이 아니라 질화갈륨을 선택한 것이 청색 LED의 개발 성공으로 이어졌습니다. '가망 없는 아이'인 질화갈륨에도 거대한 가능성이 숨어 있었습니다.

아이의 가능성을 발견하는 것이 교사의 역할이다

물론 화합물이라는 물질과 인간을 동일하게 생각해서는 안 됩니다.

그러나 가망 없다고 생각해도 어딘가에 좋은 점이나 발전할 수 있는 부분, 빛나는 재능이 있는 존재가 사람입니다. 포기하지 말고 어딘가에 반짝하고 빛나는 것을 찾아주세요. 그렇게 하면 그 아이는 점점 빛나게 됩니다.

부모는 자신이 이루지 못한 꿈이나 희망 등을 무의식적으로 아이가 이루어주기를 바랍니다. 또 자식바보라는 말처럼 자신의 아이는 좋게만 보이는 경향도 있습니다.

훈수꾼이 더 잘 본다고 하는 말이 있습니다. 적어도 선생님은 학급 아이들을 평등하게 대하고 비교적 냉정한 눈으로 장점이나 단점을 지적할 수 있는 위치에 있습니다. 아이의 가능성을 발견하여 끄집어내고 늘려가는 것은 역시 학교라는 장소에서 아이들을 가르치는 가장 가까운 선생님입니다.

교육은 인간의 개성을 키우고 가능성을 이끌어내어 빛나게 하는 것입니다. 선생님에게 물어보면 거의 모두 이처럼 답합니다. 한 사람 한 사람의 선생님은 그렇게 생각하십니다. 그런데 학교 전체가 하나가 되어 실제로 행동하면 왠지 모르게 엉거주춤합니다.

문부과학성(한국의 교육부—옮긴이)이나 지방교육청, 교장이나 학부모교사회의(PTA) 같은 여러 종류의 굴레가 선생님을 얽매어 자유로운 행동을 하지 못하게끔 해버립니다. 그와 동시에 용기를 가지고 자신의 신념을 관철하려는 선생님은 지나치게 적습니다.

많은 아이 가운데서 질화갈륨에 해당하는 아이를 찾아내면 그 아이는 언젠가는 위대한 음악가가 될 수도 있고 난민을 구하는 의사가 될 수도 있을 겁니다. 반대로 대학입학을 위한 입시 공부만 하는 수재는 지금 당장은 장래가 기대되는 것처럼 보입니다. 그러나 어쩌면 그런 수재가 셀레늄화아연일지도 모릅니다.

최근에는 학급당 학생 수가 적은 학교도 많습니다만, 대부분 학급당 학생 수는 40명 정도입니다. 40명의 아이들이 있으면 40가지의 개성이 존재하고 40가지의 가능성이 존재합니다. 가망 없는 아이는 없습니다. 40가지의 반짝반짝 빛나는 부분을 찾아내어 칭찬하고 치켜세워 자신감을 키워주면 아이들은 반드시 훨씬 더 빛날 것입니다.

그렇지만 한 명 한 명의 개성을 발견한다고 한다면 40명은 상당한 숫자입니다. 한 주에 한 명이라고 하여도 40주가 걸립니다. 요컨대 방학을 제외하면 1년이나 걸립니다. 게다가 선생님은 수업도 해야 합니다. 한 사람 한 사람의 장점과 단점, 그 밖의 다른 자질을 찾아내고 꿈과 희망을 들어주는 것은 어려운 일입니다. 또 아이들의 솔직한 기분을 잘 이끌어내는 선생님도 계시지만 그렇지 못한 선생님도 있습니다.

여기서 부모와 선생의 관계가 중요합니다. 학교에서 아이들의 모습이나 생각, 꿈과 희망에 대하여 부모와 선생이 서로 무릎을 맞대고 이야기하면서 아이들의 가능성을 발견하는 것이 좋지 않을까요?

아이들의 꿈과 희망이 이루어지는 교육

앞에서도 말한 것처럼 자녀가 태어나기 전이나 태어난 지 얼마 지나지 않은 시기에는 밝고 튼튼하게 자라주면 그것만으로 충분하다고 생각하는 것이 부모의 마음입니다. 또 다치지 않고 병에 안 걸리는 것만으로도 충분하다고 생각하여 아이들을 소중하게 기르기 시작합니다.

특히 세 살 무렵까지의 아이는 정말로 눈에 넣어도 아프지 않을 만큼 귀엽습니다. "아이 귀여워, 귀여워!" 하면서 키워가는 법인데 그러는 중에 차츰차츰 욕심이 생기게 됩니다. 이것 역시 부모로서는 당연한 마음입니다.

자신이 이루지 못한 꿈이나 간절한 소망을 아이가 이루어주기를 바라거나 자신의 자녀를 다른 아이와 비교합니다. 나아가서는 공립학교가 아니라 유명한 사립학교에 아이를 보내고 싶어 안달을 합니다.

부모 자신이 어렸을 때 피아노를 배우고 싶었는데 형편이 어려워 포기했습니다. 그로 인하여 자신의 아이에게는 피아노를 가르치고 싶다는 생각으로 아이는 전혀 흥미도 없고 하고 싶은 생각도 없는데 피아노 학원에 억지로 보냅니다. 이런 상황은 주변에서 흔한 일입니다.

핵가족화로 조부모나 친척 등 가까이에 상담할 수 있는 사람이 없는 어머니들이 자녀문제로 심각하게 고민하는 것 같습니다. 자신의 양육방식에 자신감이 없기 때문일 겁니다. 이러다 보니 남의 집 아이와 자신의 아이를 비교하게 됩니다. 걷기나 말하기가 남보다 조금 늦어도 불안해집니다. 체격이나 외모 등 밖으로 드러나 보이는 것에서 시작해서 '우리 집 아이는 누구네 집 아이보다 키가 작아' 등등 비교하는 것이 습관이 됩니다.

도시에는 공원모임(한국식으로 하면 아파트 아줌마 모임—옮긴이)이라는 것이 있습니다. 공원에서 같은 또래를 둔 어린아이와 엄마들이 모이는 것입니다.

초등학교에 입학하면 수업 참관 시간이 아니고는 자신의 아이가 남의 아이와 어떻게 다른지 알 수가 없으니 부모로서는 염려가 되어 견딜 수가 없습니다. 자신의 길을 간다는 자각도 그다지 없습니다. 이렇게 되면 다른 집이 하는 것을 보고 따라하게 됩니다. 같은 반의 아이가 학원에 가면 자신의 아이도 따라서 보냅니다. 주위 사람들이 공립학교가 아니라 사립학교에 아이를 보내면 아무런 의문도 가지지 않고 자기 아이 역시 사립학교 '입학시험'을 치르게 합니다.

간단히 말하면 자녀의 기본적 자질을 확실히 발견하지 않고 다른 사람의 아이와 비교하거나 다른 사람의 양육법을 흉내 내어 자신의 자녀를 기르는 부모가 많다는 것입니다.

아이를 키우는 방법은 부모에게는 절실하고 중대한 문제입니다. 절실하고 중대한 문제이기 때문에 더욱더 다른 사람의 영향에 흔들려서는 안 됩니다. 왜냐하면 아이들 40명이 있으면 40가지의 개성과 인격이 있고 그 아이들이 장차 어떤 어른이 될 것인가 하는 아이들의 장래도 40가지가 있습니다. 각각의 아이에게는 그 아이에 맞는 나름의 양육방법을 택해야 합니다.

다른 사람의 양육 방법은 참고야 되겠지만 생각없이 따라할 필요는 절대로 없습니다.

아이의 호기심을 이끌어내는 것이 어른의 역할

그러면 자녀를 기르는 자기만의 방법은 도대체 어떻게 생각하고 실천해야 할까요?

이렇게 되면 좋겠다든가 어떤 사람이 되면 좋겠다든가 하는 바람은 부모의 일방적 생각입니다. 부모의 가치관을 아이에게 강요할 뿐입니다. 아이 자신은 어떻게 생각하고 있을까요? 그것을 알지 못하면 목적을 발견하지 못합니다.

아이는 정직합니다. 자신이 좋아하는 것은 목숨 걸고 달려들 정도로 정말 열심히 하지만 싫어하는 것도 그만큼 싫어합니다. 표면적으로는 시키는 대로 따라하는 것처럼 보이지만 역시 어딘가에서 좋아함과 싫어함이 드러납니다. 그 신호를 잘못 판단해서는 안 됩니다. 어쩌면 그것은 정말 작은 싹일지도 모릅니다.

어떤 것을 좋아할까요? 어떤 것에 흥미를 느낄까요? 일상적으로 이런 생각을 갖고 주의 깊게 관찰하여 아이의 호기심을 훌륭하게 이끌어낼 수 있으면 더할 나위 없습니다.

아이가 왜 그것을 좋아할까요? 그것은 아이가 잘할 수 있는 것이고 잘하니까 칭찬받습니다. 그러니 다른 아이보다 그것을 더 잘하고 더 빨리 하게 됩니다. 이게 좋아하는 가장 큰 이유입니다.

반대로 생각하면 좋아하니까 실력이 늘고 잘하게 됩니다. 그래서 부모님이나 선생님에게 칭찬을 받으면 기쁩니다. 기쁘니까 더 공부를 열심히 하거나 그 일에 열중하게 되어 점점 더 잘하게 됩니다. 물론 그다지 좋아하지 않는 일인데 잘하는 아이도 극히 드물게는 있습니다만 대부분 좋아하는 것을 잘합니다.

아이가 무엇을 잘하는지요? 어떤 능력이 있는지요? 그것을 키워주는 것이 부모와 어른이 할 일입니다. 아이의 소질과 능력을 키울 수 있는 장소와 기회를 주고 칭찬하고 이해해주는 것이 어른의 역할입니다.

이런 일은 간단해 보이지만 매일같이 주의 깊게 아이를 관찰하지 않으면 안 되는 일입니다. 아이를 보고 살피는 부모와 선생의 눈이 중요합니다. 잘 살펴서 아이가 잘하는 것을 더욱 잘할 수 있도록 아이의 능력을 키워주어야 합니다.

각각의 아이에게 어울리는 방법으로 기회를 주고 칭찬하는 것이야말로 아이를 기르는 자기 나름의 방법입니다. 요컨대 자신의 아이를 정말로 이해하고 있는지 아닌지가 중요합니다.

아이는 정말로 다양한 것에 흥미를 보입니다. 때문에 아이가 무엇을 잘하고, 무엇을 좋아하며, 어떤 대상에서 자기 능력을 살릴지는 아무도 알 수 없습니다. 어떤 아이는 수학을 잘할 수도 있고 어떤 아이는 음악에 재능이 있을지도 모릅니다. 게임을 좋아하는 아이도 있는가 하면 야구나 축구를 좋아하는 아이도 있습니다.

학교 공부나 그 외의 배워야 할 것들뿐만 아니라 놀이나 취미, 수집활동, 얼핏 보면 대수롭지 않아 보이는 지식도 아이들 세계에서는 모두 똑같이 가치 있는 일입니다.

물론 같은 것을 좋아하는 아이가 여럿이라면 잘하는 아이도 있고 잘못하는 아이도 있고 잘하는 아이들 사이에서도 달성도에 차이가 나는 것은 당연한 일입니다.

그러나 좋아하는 일이라면 정말 열심히 하고 그러한 노력을 괴롭다고 생각하지 않습니다. 오히려 기꺼이 그 일에 매달리는 것이 사람입니다. 좋아하는 일에 시간을 들이면 누구라도 어느 정도 수준까지는 도달합니다.

아이에 따라서 다소의 수준 차이는 있지만 그 차이도 처음에는 정말 사소합니다. 정말로 좋아한다면 잘하게 됩니다. 정말로 좋아서 그 일에 빠져들면 반드시 긍정적인 효과가 나타납니다. 그 아이만이 자랑할 수 있는 그 무엇이 만들어집니다.

저는 기본적으로 모든 인간은 자기만의 어떤 재능이 있다고 생각합니다. 모든 아이에게는 꽃피기를 기다리는 재능이 있습니다. 어떤 분야라도 관계없습니다. 반드시 좋아하거나 잘하는 것이 없을 리 없습니다. 그 재능을 발견하여 발전시킬 수 있는 사람이 그 분야에서 성공할 수 있습니다.

좋아하거나 잘하는 것이 한 가지도 없는 사람은 없습니다. 다만 그것을 발견하지 못했거나 억지로 다른 것을 하도록 강요당한 것입니다.

지금 일본의 아이들은 자신이 좋아하는 것을 발견하지 못하고, 잘하는 분야로 나아가지도 못하고 귀중한 재능을 낭비하면서 어른이 되어 갑니다. 이것은 나라의 큰 손실입니다.

좋아하는 일, 잘하는 일을 추구하자

어렸을 때를 한번 돌이켜보세요. 비행기 조종사나 간호사가 되고 싶다는 등 장래 무엇이 되고 싶다는 구체적인 꿈이나 희망 하나씩은 가지고 있었을 겁니다.

그런데 어느 사이에 부모님이나 선생님의 말에 좌우되고 현실에 떠밀리고 세상의 평판에 사로잡혀 어렸을 때의 마음가짐을 잊어버립니다. 도대체 왜 그런 걸까요?

예를 들어 한 아이가 우주나 별이 빛나는 밤하늘을 바라보며 어른이 되면 우주비행사가 되고 싶다는 꿈을 꾼다고 합시다. 아이는 시간만 나면 천체 망원경을 들여다볼지도 모릅니다. 학교 공부는 뒷전이고 우주에 관한 책만 읽고 있을지도 모릅니다. 장차 우주비행사가 되려면 무엇을 해야 할지 골똘하게 생각합니다. 그 아이는 그렇게 줄곧 우주를 공부하여 우주 개발과 연관한 지식을 쌓게 됩니다. 그리하여 우주비행사가 되려면 무엇을 해야 좋을지 알게 됩니다. 천문학 공부를 시작하거나 아니면 일단은 비행사가 되자고 마음먹을지도 모릅니다.

좋아하는 것을 하려고 마음먹으면 그 순간부터 다양한 공부를 시작합니다. 그 일을 계속 해나가서 지구물리에 정통할 수도 있고 더욱 깊은 공부를 하기 위해서 미국으로 유학을 갈지도 모릅니다.

어릴 적부터 꾼 꿈이라 어른이 되어서 뒤늦게 시작한 사람보다 지식의 깊이도 훨씬 깊고 경험도 더 쌓여 있을 겁니다. 그렇게 해서 자신감을 가지면 공부를 점점 더 열심히 해서 정말로 우주비행사가 됩니다. 그것이 바로 인간의 개성이며 아이가 지닌 가능성입니다.

그런데 현재 일본의 교육을 보면 넋을 잃고 밤하늘을 바라보거나 학교 공부를 등한히 하면 부모님이나 선생님께 야단을 맞습니다. 무엇보다 학교 공부가 첫 번째로 중요하고 아이가 좋아하고 잘하는 것은 두 번째 세 번째로 밀려나버립니다.

그런데 흥미를 느끼지 못하는 과목이거나 열심히 하고 싶은 마음을 불러일으키지 못하는 암기과목이라면 좋아하지도 않는 그와 같은 과목을 아이는 진저리를 치면서 할 수밖에 없습니다. 사람에게 이처럼 고통스러운 일은 없습니다.

부모님과 선생님은 "하늘만 쳐다보지 말고 공부해." 하고 윽박지릅니다. 그러는 사이에 자신의 꿈은 점점 멀어져 갑니다. 꿈이 정말 꿈이 되어 비현실적으로 됩니다. 그저 학교의 공부가 목적이 되어버립니다.

이것은 정말 불행한 일입니다.

분야에 따라서는 어른이 되어 시작하면 이미 늦어버리기도 합니다. 이렇게 해서 일본의 많은 아이들이 자신의 꿈과 희망을 피우지 못한 채 어른이 됩니다.

장래 목표가 변해도 걱정할 필요가 없다

저의 이런 생각에 반대하는 의견을 내세우는 분도 있을 겁니다.

"우주비행사가 되려면 아주 열심히 공부를 해야 한다. 멋있게 보이고 싶어 그저 하늘만 바라봐서 되는 것이 아니다. 학교 공부를 싫어하는 아이가 우주비행사가 되기 위한 공부만 좋아할 리 없다."

그러나 저는 그렇게 생각하지 않습니다. 그 아이가 정말 우주비행사가 되고 싶다면 아무리 싫어하는 공부도 할 수 있습니다. 그 아이가 우주비행사가 되길 바라고 그런 능력이 있다면 반드시 된다고 저는 믿고 있습니다.

좋아하는 일을 하고 싶다는 마음, 그리고 특별한 재능이나 능력은 외부로 향해 나아가는 엄청나게 큰 에너지입니다. 억지로 막으려고 해도 자연히 밖으로 터져 나갑니다. 그것이 안 되는 이유는 그 아이가 그 정도까지 우주비행사가 되고 싶지 않아서일 겁니다. 되고 싶은 마음이 싫어하는 공부를 극복하지 못한 것일 뿐이지요.

어쨌든 자신이 우주비행사를 동경해서 되겠다고 마음먹는 일은 나쁜 것이 아닙니다. 만약 중간에 좌절하여 우주비행사 공부를 계속할 수 없다면 그 시점에 또 새로운 목표를 찾으면 됩니다.

우주비행사의 꿈을 포기한 아이는 이번에는 목공이 되겠다고 말할 수도 있습니다. 그러면 그것으로 좋은 것이 아닐까요? 장래에 뭐가 되고 싶다는 생각이 성장하는 시기에 따라 변해도 걱정할 필요는 없습니다.

물론 젊을 때부터 목적을 향해 나아가기 시작하면 빨리 도착할 수 있지만 시작은 언제라도 관계없습니다. 중요한 것은 아이들이 장래의 꿈을 향해 자유롭게 나아갈 수 있는 환경을 만드는 일입니다.

아이의 인생은 아이의 것입니다. 어른이 쓸데없이 참견할 권리도, 그럴 필요도 없습니다. 따라서 "학교 공부 못하면 우주비행사는 될 수 없어." 하고 위협하는 일은 그만두어야 마땅합니다.

왜냐하면 그것은 거짓말이기 때문입니다. 오히려 학교 공부 따위에 에너지를 지나치게 사용하면 우주비행사가 될 수 없는 확률이 더 높다고 저는 단언합니다.

Part 2_
교육제도를 비판하다

엔트로피 증대의 법칙에서 바라본 교육

물리학에는 엔트로피 증대의 법칙이라는 것이 있습니다. 간단히 설명하면, 물질은 그냥 내버려두면 산산조각이 나서 자연적으로 무질서한 상태가 된다는 이론입니다. 예를 들면 빅뱅으로 우주가 탄생한 이후 급속히 팽창해서 조각조각이 되는 것도 엔트로피 증대의 법칙입니다.

인간은 언젠가는 죽습니다. 물질도 언젠가는 부서집니다. 이것 역시 엔트로피 증대의 법칙에 해당합니다. 이처럼 무질서하고 조각조각으로 되어 있는 것을 엔트로피가 크고 높은 상태라고 말합니다. 반대로 말하면 질서 정연하게 배열된 상태는 엔트로피가 작고 낮습니다. 엔트로피가 큰 상태는 에너지가 안정되어 있습니다. 엔트로피가 작은 상태는 반대로 에너지가 불안정한 상태입니다.

에너지가 불안정한 상태는 항상 안정된 상태로 가려고 합니다. 따라서 엔트로피는 반드시 증대합니다. 예를 들면 대자연이 다양하고 우연적이고 무작위적(꾸미지 않은 상태의 그대로임)이고 무질서한 것은 그렇게 있는 편이 에너지가 안정되어 있기 때문입니다.

인간 사회도 같습니다. 그냥 내버려두면 저절로 엔트로피가 증대하여 질서가 없는 제멋대로의 상태로 되어버립니다. 아이에게 교육을 하지 않고 그냥 두면 제멋대로 하고 싶은 것을 하기 시작해 사회는 혼란스러워질 겁니다.

사람도 언제나 에너지가 안정된 쪽으로 향합니다. 결국 인간 사회에서도 엔트로피는 언제나 증대하려고 합니다. 판에 박은 듯한 행동을 하거나 동일한 성격의 사람들이 모인 균질적이고 통일된 집단은 엔트로피가 낮은 상태라 에너지가 불안정합니다.

역으로 개성적이고 제 각각의 사람들이 모인 다양성이 있는 집단은 엔트로피가 높은 상태로 에너지가 안정된 상태입니다. 엔트로피 증대의 법칙에 비추어보면 균질적이고 질서정연한 집단은 언제나 조각조각으로 흩어진 무질서한 상태로 변하려고 합니다.

수백 명의 초등학생을 모아 놓고 교장선생님이 훈화할 때 모든 학생이 집중할 수 없는 것은 당연한 일입니다. 초등학생은 하나로 된 덩어리가 아닙니다. 한 사람 한 사람이 자신의 의지로 제각각 행동하려고 합니다. 그렇기 때문에 교장선생님의 말씀이라는 하나의 목표를 향해 집중시키는 일은 에너지가 불안정하고 이상한 일입니다.

학습 성취도에 따라 수업을 달리하자

반복하여 말하지만 교육의 목적은 아이들 한 사람 한 사람의 개성을 키우는 것입니다. 우주비행사가 되고 싶은 아이에게는 그렇게 될 수 있는 환경을 마련해주고 응원합니다. 어른이 해야 하는 일은 바로 그 것입니다.

40명의 아이들이 있으면 모두 각자 개성이 있고 꿈이 있습니다. 그 것은 모두 동일한 것이 아니라 40가지의 개성이고 40가지의 꿈입니다.

최근 10여 년간 초등학교, 중학교 학생들이 수업에 집중하지 못하고 교실을 돌아다니거나 옆 친구들과 잡담을 해서 수업이 되지 않는다는 것이 문제가 되고 있습니다. 흔히 '학급 붕괴'라고 하는 문제지만, 애초 한 학급에 있는 30명, 40명을 수업 시간에 계속 집중시키는 것 자체가 상당히 어려운 일입니다.

40명 학생이 아무 말도 안 하고 정면을 바라보고 앉아서 쭉 선생님의 말씀을 듣는 모습이 매우 비정상적이라고 여기는 것이 이상한가요?

엔트로피 증대의 법칙에 따르면 40명이 제각각으로 무질서한 모습이 에너지 차원에서는 안정적입니다. 하지만 그것이 모두 똑같은 모습이라면 에너지 차원에서는 불안정합니다. 따라서 그렇게 한다는 자체가 무리라는 것은 당연합니다.

개성도 꿈도 사람마다 다르다면 공부하는 방법도 사람마다 다를 겁니다. 40명이 모두 똑같은 꿈을 가지고 똑같이 공부를 잘할 수는 없는 일입니다. 이런 너무나 당연한 일이 이루어지지 않는 것이 일본의 교육입니다. 학습지도요령이 그 좋은 예입니다.

문부과학성도 이 지극히 당연한 사실을 알게 되었는지 2002년경부터 '성취도별 소인수교육'(성취도에 따라 학급별로 학생 수를 달리하는 방식)을 전국의 공립 초·중학교에서 실시했습니다. 아이들의 서로 다른 개성을 마침내 인정하고 그에 맞는 교육 방법을 생각한 것 같습니다.

그렇지만 이 정도 단계로는 아직 어중간합니다. 아이들은 여전히 학년이라는 틀에 매여 전원이 함께 진급하고 진학합니다. 이것을 의무교육 기간 내에서라도 낙제도 하고 월반도 가능하게 고친다면 더 좋아지지 않을까 합니다.

물론 낙제하면 그 순간에 차별을 받는 지금 같은 상황에서는 어려울지도 모릅니다. 그러나 기본적으로 아이들 한 사람 한 사람의 능력과 개성, 꿈과 희망이 모두 다르다는 사고방식을 지녀야만 합니다.

불안정 상태이기 때문에 문제가 발생한다

우리를 둘러싼 환경은 복잡하고 다양합니다. 대자연을 둘러보아도 알 수 있는 것처럼 자연은 복잡하고 다양하면서도 절묘하게 균형을 유지합니다. 생태계는 오랜 시간 생명체의 멸종 등을 반복하면서 이와 같은 균형을 형성해왔습니다.

생태계에는 어류도 있고 조류도 있습니다. 미생물도 있는가 하면 인간도 있습니다. 이들은 자연도태나 생존경쟁, 약육강식이라는 자연의 기준에서 살아남은 생물입니다. 수중 생활에 적응한 생물도 있고, 새처럼 하늘을 잘 나는 생명체도 있습니다. 이처럼 각양각색으로 복잡하고 다양한 세계는 엔트로피가 크고 에너지가 안정된 상태입니다.

물고기에게는 물고기의 특징이 있고, 새에게는 새의 능력이 있습니다. 사람에게도 사람에 따라 다양한 능력이 있고, 꿈과 희망도 각양각색입니다. 시험공부만으로 사람을 비교하는 것은 물고기와 새를 비상 능력만으로 비교하는 것과 다름없습니다. 목수가 되고 싶다면 목수에게 필요한 능력을 다듬으면 됩니다. 목수가 되려면 굳이 대학에 갈 필요 없이 일찍이 현장에 나가 기술을 배우는 편이 좋습니다. 또 의사가 되고 싶다면 의사가 되기 위한 공부를 하면 됩니다.

원래 대학에서 공부하는 목적은 일류 대기업에 들어가기 위한 것이 아닙니다. 자신의 꿈과 희망을 실현하려면 꼭 필요하기 때문에 대학에서 전문적인 학문을 공부하는 것입니다.

각양각색으로 복잡하고 다양한 기준이 필요한데도 입시공부만이 기준이기 때문에 엔트로피가 적고 에너지가 불안정한 상태입니다. 그래서 여러 문제가 일어납니다. 등교 거부나 학급 붕괴 같은 것은 아이들이 에너지 차원에서는 불안정한 상태에 놓여 있다는 증거입니다.

자유로이 직업을 선택할 수 있는 사회, 능력과 노력만 있으면 원하는 직업에 종사할 수 있는 사회, 어떠한 직업이라도 존중받으며 자신감을 가지고 일할 수 있는 사회, 다양하고 다채로우며 매력적인 직업이 구비되어 있는 사회, 이런 세상을 만들어 아이들에게 전해주는 것이 어른의 역할입니다. 그러려면 먼저 대학입시라는 '울트라 퀴즈대회'(아주 어려운 퀴즈대회라는 의미)를 폐지하지 않으면 안 됩니다.

인간의 행복을 교육에서 생각한다

과거 고도성장기의 일본에서는 아이가 좋은 학교를 졸업하여 좋은 회사에 들어가는 것이 행복이라고 생각했습니다. 부모나 선생도 아이에게 그렇게 말하고 들려주고 키우며 교육해왔습니다.

저도 그랬습니다. 어릴 적부터 좋은 대학에 들어가면 행복해진다는 말을 들어왔고 좋은 대학에 들어가려고 열심히 공부했습니다. 부모님도 선생님도 입만 열면 "대학 시험은 중요해. 좋은 대학에 들어가지 못하면 꿈이고 희망이고 없어." 하는 말만 반복합니다.

당시 일본에서는 좋은 대학에 들어가기만 하면 그대로 일류 대기업에 들어가거나 공무원이 되어 행복한 인생을 살 수 있다고 믿었습니다. '입시 공부를 열심히 하여 일류 대학에 들어가 대기업에서 정년까지 근무하면서 결혼하여 아이를 낳고 노후를 맞이한다.' 이와 같은 삶의 방식이 일본인에게는 일반적인 인생이었습니다. 아이 시절의 꿈 따위를 쫓지 말고 평범한 회사원이 되는 것이 금과옥조(金科玉

條)였습니다.

왜냐하면 나라와 사회가 그러한 평범한 사람이 필요했기 때문입니다. 전 세계에서 원재료를 수입하여 싸고 품질 좋은 공업제품을 대량으로 만들어 그것을 다시 전 세계에 판매하는 식의 산업구조에서는 월등하게 뛰어나지 않아도 협조성이 있고 어느 정도 평균적 능력이 있는 사람들에 대한 수요가 많았습니다. 회사의 지시를 두말없이 잘 듣고 조직 속에서 다른 사람들과 힘을 합쳐서 일을 해나가는 시스템이 중요한 시절이었습니다.

그러다 보니 개성 있고 특별한 재능이 있는 사람은 쓸모가 없습니다. 오히려 머리가 너무 좋다거나 모난 돌과 같으면 조직 속에서 너무 눈에 띄어 회사원으로서는 잘 어울리지 않는다고 여겼습니다.

이런 회사원을 대량으로 배출하기 위하여 대학입학시험 제도를 이용하였습니다. 아이들은 어릴 적부터 입학시험을 목표로 공부만 하게 되고 꿈과 희망은 일단 포기하고 맙니다. 좋은 대학에 들어가는 것만을 인생의 목적으로 삼아 성장해가는 겁니다.

결재만 하는 생활에 싫증이 났다

저는 40대 중반 이후 회사 생활이 싫증이 나서 미국으로 건너갔습니다. 그곳에서 제가 하고 싶은 연구를 계속할 수 있는 대학교수가 되었습니다. 청색 LED와 청색 레이저 등을 개발했기 때문에 제가 근무하던 회사에서는 관리자가 되었습니다. 그러다보니 연구의 현장에서 멀어져 매일 도장만 찍었습니다.

물론 월급 생활자를 계속한다면 그대로 정년퇴직까지 평온무사한 생활을 보낼 수 있습니다. 다행히도 제가 발명한 기술 덕분에 회사는 엄청난 실적을 올려서 특별한 일이 없는 한 회사가 망할 일은 없을 것입니다.

그러나 그와 같은 단조롭고 자극이 없는 매일매일을 보내다 보니 저 자신이 바보가 되는 것 같은 위기감을 느꼈습니다. 저는 취미라고 할 만한 것이 거의 없습니다. 유일하게 꼽으라면 어떤 것을 깊이 생각하는 것으로 시간만 있으면 무엇인가를 골똘히 생각합니다. 생각하는 대상은 아무것이나 좋지만 역시 저 자신이 빠져드는 연구가 제일 좋습니다. 아침이나 저녁, 밤에도 줄곧 생각에 빠집니다. 그렇게 하다보면 '앗!' 하고 아이디어가 떠오른다거나 오랫동안 고민해온 것이 얼음 녹듯 풀립니다. 자신을 극한의 상태까지 몰아넣어 집중하면 캄캄한 어둠 속에서 아주 작은 빛이 보이기 시작합니다. 세계 최초의 기술인 청색 LED도 이와 같은 매일매일의 생각에서 탄생했습니다.

자신의 생각을 실험해봅니다. 생각이 옳다면 생각한 대로 결과가 정확하게 나올 겁니다. 실패하면 결과가 나오지 않습니다. 그때는 한층 더 깊이 생각하고 시험합니다. 그러면 언젠가는 반드시 답을 발견하게 됩니다.

실패한 것일까, 성공한 것일까? 한계 상태로 밀어붙이지 않으면 실패인지 성공인지 그 결과가 나오지 않을 수도 있습니다. 이것은 시도해본 사람만이 알 수 있는 쾌감입니다.

제가 회사에서 관리직으로 일한 후부터 이런 쾌감이 사라졌습니다. 이렇게 되면 거의 죽은 것과 진배없습니다. 물론 그 외에도 여러 이유가 있지만 저는 회사를 그만두려고 결심했습니다. 젊을 때의 고생은 돈 주고라도 사서 하라는 말도 있지만 앞으로 몇 년 지나지 않아 50세가 되려고 할 즈음 저는 새로운 세계로 여행을 떠났습니다.

행복은 대체 어떤 것일까

인간의 행복은 대체 무엇일까요? 아이들에게 행복은 어떤 것일까요?

인간의 능력과 재능은 밖을 향해 언제나 날아가려고 합니다. 아무리 그것을 억눌러도 언젠가는 반드시 밖으로 터져나옵니다.

요즘 일본은 회사를 그만두고 나오거나 직접 회사를 창립하는 중장년층이 증가하고 있습니다. 20대의 벤처기업가가 많은 미국과 비교하면 회사에서 독립하는 사람들의 나이가 많은 것이 눈에 매우 띕니다.

왜 일본은 중장년층이 회사에서 뛰쳐나와 독립하거나 기업을 세우는 비중이 높은 걸까요? 그것은 종신고용제도의 붕괴와 같은 환경 변화도 이유가 될 겁니다.

그러나 그보다는 아마도 젊은 시절에 자신의 꿈을 억누른 결과 죽어버린 자신의 능력이나 재능이 10년, 20년 후에 더 이상 억눌려 있지 않고 밖으로 나가려고 하기 때문이라고 생각합니다.

아이들의 꿈과 희망을 짓밟는 입학시험제도에서 제1의 목표는 일류 대학에 들어가는 것입니다. 인생의 목표와 자기 자신의 행복에 관하여 그다지 진지하게 생각하지 않고 일류 대학에 들어가면 그것으로 충분하다고 믿어버립니다.

좋은 대학을 나와 대기업에 입사하여 영원한 회사원으로 평범한 일생을 마치려고 생각한 사람도 10년, 20년 똑같은 일을 반복하면 반드시 질리게 됩니다. 능력이나 재능이 있는 사람일수록 영원한 회사원으로 살고 있는 자기 자신에 대해 절대적으로 질리게 됩니다.

그때 가서 비로소 알아차립니다. 자신이 정말로 하고 싶었던 것은 이런 일이 아니었다는 사실을 말입니다. 어릴 때의 꿈이나 희망이 되살아나면서 영원한 회사원으로 사는 현실에 의문이 솟구칩니다. 그 결과 40대, 50대가 되어 늦은 나이에 회사원 생활을 그만두거나 새로 사업을 시작하게 됩니다.

대학입학시험 같은 것에 신경을 덜 쓰고 정력을 덜 소모하여 10대, 20대부터 자신이 하고 싶은 방향으로 나아갔다면 이처럼 먼 길을 돌아가는 일은 없었을 것입니다. 이러한 현실은 본인에게는 물론 사회에도 대단히 큰 손실입니다.

어떤 일에 만족하는 행복감은 사람에 따라 다릅니다. 어떤 인생을 보내야 좋은 것인지도 사람에 따라 천차만별입니다.

앞으로 어른이 될 아이들에게는 정말 어떤 삶이 행복한 걸까요? 부모와 교사가 깊이 생각할 필요가 있을 것 같습니다.

교육은 도대체 누구를 위한 것일까요?

"그런 것은 생각할 필요도 없다. 아이들 자신을 위한 것임에 틀림없다."

이와 같은 답이 상식적이라고 생각합니다.

그렇다면 교육부가 왜 개인의 교육에까지 시끄럽게 참견을 하는 것일까요? 제2차 세계대전 이전의 '교육칙어(1890년 메이지 일왕의 명으로 발표된 칙어로 그 취지는 일본 국민의 수신(修身)과 도덕 교육의 기본 규범을 정하는 것이었다. 칙어(勅語)는 임금의 말씀이란 의미다—옮긴이) 등을 보아도 또 정치가들이 자주 '교육은 백년대계'라고 하는 말을 들어도 아이들을 위한 발언이라고는 생각되지 않습니다.

교육은 물론 거시적으로 보면 국가와 사회를 위한다는 측면이 있습니다. 이것은 국가에 기여하는 인간, 사회에 도움이 되는 인간의 양성이 교육이라고 보는 견해입니다. 결국 교육은 아이들 자신을 위한 것인 동시에 국가와 사회를 위한 것이라고 말할 수 있습니다.

물론 인간은 혼자서는 살아갈 수 없습니다. 국가와 사회라는 집단 속에서 살아가야 하는 존재이므로 이와 같은 생각이 나오는 것은 어쩔 수 없습니다.

그런데 지구상에서 인간이 만든 국가 체제나 사회 시스템은 정말 다양합니다. 자본주의 국가도 있고 사회주의 국가도 있습니다. 미국과 같은 다민족 국가도 있고 사우디아라비아처럼 특정한 일족(왕족)이 지배하는 국가도 있습니다. 또 시대에 따라서 구소련과 같이 어떤 시점에서 사회주의에서 자본주의로 급격하게 변한 경우도 있습니다.

일본도 태평양전쟁(제2차 세계대전)에서 패전한 뒤에 가치관이 완전히 변했습니다. 1945년 이전의 일본에서는 국가를 위한 전사를 찬미하고 훌륭한 일이라고 가르쳤습니다. 패전 후 연합군이 점령하자 국민은 모두 평등하다는 사고방식으로 변했습니다.

한 사람이 일생을 보내는 가운데 국가나 사회의 짜임새가 180도 바뀌는 일은 그렇게 드물지 않습니다. 패전 같은 극적인 변화가 아니라고 하여도 민주적 선거 결과 정권이 바뀌면 완만하지만 가치관이 바뀌기도 합니다. 따라서 이와 같은 변화는 그렇게 비현실적이 아닙니다.

국가와 사회에 도움이 되는 인간을 양성하는 것이 교육의 한 측면이라고 할 때 만약에 가치관이나 시대의 요청이 정반대로 변하면 당연히 국가와 사회의 목적도 정반대로 변합니다.

가령 국가원수에 대한 충성 맹서가 유일의 정의라고 하는 사고방식이 있다고 해도 체제가 뒤집어지면 국가원수는 범죄자가 되기도 합니다.

일본도 제2차 세계대전 이전과 이후의 가치관이 완전히 변했습니다. 현재의 북한도 그 체제가 뒤집어지면 필시 가치관도 완전히 변할 겁니다. 한마디로 말해서 교육의 목적은 국가와 사회의 변화에 따라 이리저리 변합니다. 제도로서의 교육이나 교육의 가치관은 국가와 사회의 상황에 따라서 변합니다. 모호하고 불확실한 것입니다.

극단적으로 말하면 국가나 사회의 가치관은 도저히 신용할 수 없으므로 소중한 아이들을 그러한 가치관에 맡겨둘 수 없다는 것입니다.

그러면 대체 어떻게 해야 좋을까요?

역시 부모가 확고한 교육방침을 가지지 않으면 안 됩니다. 나라의 정책이나 시대의 흐름이 변해도 흔들리지 않는 가치관을 가져야 합니다.

이런 것을 자각하고 각오한다면 모름지기 부모로서 지녀야 할 태도도 저절로 정해지지 않을까 합니다.

억지로 공부시키지 않는다

좋아하는 것, 재미있는 것이라면 누구라도 흥미를 가집니다. 그러면 점점 그것에 대하여 알고 싶어져 자신의 몸속에 지식으로 쌓이기 시작합니다.

예를 들면 축구를 좋아하는 남자아이는 축구선수의 이름과 과거의 실적을 줄줄 꿰고 다닙니다. 어떤 가수를 좋아하는 여자아이는 콘서트나 팬 미팅 행사에 나가는 등 그 가수를 쫓아다닙니다.

인간의 호기심은 대단한 에너지가 됩니다. 탐험가는 지도의 백지부분을 메우기 위해 죽음도 불사하고 미지의 땅속으로 한 발 한 발내디딥니다. 대항해시대의 상인들도 그저 이익만 얻으려고 드넓은바다로 나아간 것은 아닙니다. 만약 인간에게 호기심이 없었다면 지금과 같은 문명은 발달하지 못했을 것입니다.

저도 수학을 비롯해 이과 과목을 매우 좋아했기 때문에 초등학교,중학교는 물론 대학에 들어가서도 재미있고 즐겁게 이런 과목을 공부한 기억이 있습니다. 대체 수학의 어디가 그렇게 재미있는가 묻는

다면, 어려운 문제를 곰곰이 생각하여 자기 나름의 해답을 도출해가는 과정에 빠져들기 때문이 아닐까 합니다. 생각이 취미였기에 어려운 수학 문제는 정말 저에게 딱 맞는 취미의 대상이었습니다.

역으로 인간은 싫어하는 것, 시시한 것에는 전혀 흥미를 느끼지 못합니다. 제아무리 억지로 시켜도 조금도 머릿속에 들어오지 않습니다. 전혀 재미있지도 않고 지적 호기심도 자극하지 않기 때문입니다. 머릿속에 들어오지 않는 것을 억지로 밀어넣는 것만큼 고통스러운 일은 없습니다. 적어도 저에게는 그와 같은 일은 무엇보다 견디기 어려웠습니다.

인간의 머리에는 다양한 기능이 있습니다. 사고력이나 기억력도 그중의 하나입니다. 저는 완전히 사고력 타입입니다. 생각하는 것을 정말로 좋아하는 대신 기억력은 그다지 좋은 편이 아니라서 이런저런 내용을 암기하는 일은 정말로 못합니다.

사고력이나 기억력 이외에 사람에 따라서 넓고 얕은 시야를 가지는 타입과 좁고 깊게 파고들어가는 타입이 있습니다. 넓고 얕은 시야의 타입은 호기심의 대상이 여기저기로 퍼져 있기에 어느 정도는 만능선수이거나 제너럴리스트(일반주의자)입니다. 좁고 깊은 시야의 타입은 스페셜리스트(전문가)입니다.

저는 넓고 얕게 생각하지 못합니다. 주위가 보이지 않을 정도로 좁고 깊게 생각하는 유형입니다. 특히 좋아하고 재미있게 생각하는 일에는 한없이 빠져듭니다.

연구직에 딱 맞는 자질이라고 생각할지도 모르지만 사람 이름도 지명도 기억하지 못해서 무척 곤란한 적도 있습니다. 물론 사회생활을 영위할 정도의 기억력은 있습니다만 필요 없거나 흥미 없으면 거의 기억을 못합니다.

흥미가 없었던 음악 과목

초등학교와 중학교 시절에도 암기를 정말 못했지만 사회와 국어 성적은 그럭저럭 보통이었습니다. 그러나 음악만은 어떻게 해도 안 되었습니다. 성적도 너무 나빠서 지금도 부끄러울 정도입니다.

초등학교 1학년 때부터 중학교 3학년 때까지 음악수업은 그야말로 고문이었습니다. 절대음감은커녕 도레미의 음정조차 알 수가 없었습니다. 선생님이 아무리 피아노로 소리를 내주어도 무슨 음인지 도무지 알 수가 없었습니다. 그런데 불가사의하게도 음을 아는 아이는 압니다. 저는 그것이 믿기지 않아 깜짝 놀랐습니다. 더욱이 작곡가 이름이나 작품 이름 같은 본래의 음악 공부와는 거의 관계가 없다고 생각되는 지식도 외우게 합니다.

아이들은 신기한 것을 가장 좋아합니다. 모두 텔레비전에 나오는 가수의 노래를 가장 좋아합니다. 그것이 당연한 일입니다. 어릴 적부터 클래식 음악을 좋아하는 아이야말로 오히려 소수가 아닐까요? 어떤 아이가 수백 년 전의 유럽 고전음악에 흥미를 가질까요?

최근에는 음악 교과서에 가요나 팝송이 들어가 있어 조금 변했다고는 하나 기본적으로는 동일하다고 보입니다. 어른이 좋아하는 기준을 일방적으로 밀어붙이고 있는 것입니다.

흥미가 없으면 잘 기억하지 못하는 것이 당연합니다. 기억하지 못하니 시험도 잘 볼 수 없습니다. 그러면 더욱더 모르게 됩니다. 모르니까 싫어하게 됩니다. 싫어하니 점점 더 모르게 됩니다. 흔히 보는 악순환입니다.

음악(音樂)은 음(音)을 즐기는(樂) 것입니다. 그럼에도 학교의 이와 같은 수업 때문에 고통스럽게 되고 맙니다.

어른이 되지 않으면 좋은 점을 알 수 없는 음악이 있는 법입니다. 초등학교, 중학교 시절 듣는 것이 고통스러워 견딜 수 없었던 모차르트 등의 음악을 지금 다시 들어보면 이처럼 훌륭한 음악은 없다는 사실을 알게 됩니다.

싫어하는 것, 받아들이지 못하는 것을 억지로 밀어붙이고 들어가지 않는데도 무리하게 채워넣으려고 하면 절대로 안 됩니다. 우리의 음악 교육은 억지로 쑤셔넣는 교육의 전형이라고 생각합니다.

암기 과목보다 더 좋아한 수학 과목

저는 한자나 사회 과목에 나오는 고유명사 등을 외우는 것도 정말 잘하지 못했습니다. 좋아하는 수학이나 자연 과목 중에서도 계산문제는 좋아하고 잘하기도 했지만 문장문제와 도형문제 등은 잘하지 못했습니다. 수학 전반을 잘하게 된 것은 한참 지난 후의 일입니다.

그런 식이었기에 기억력이 좋은 아이가 부러운 적도 있습니다. 초등학교 시절에는 놀기만 했으니까 별 문제가 안 되었지만 중학교 이후에는 기억력이 좋은 동급생 아이를 보면 어쩌면 그렇게 잘 외우는지 믿을 수가 없었습니다.

고등학교에 들어가면 이과과목은 점점 어려워집니다. 그와 비례하여 저는 수학과 이과과목을 더 좋아했습니다. 문제가 어려워지면 그만큼 더 골똘히 생각해야 합니다. 저는 그게 마냥 즐거워서 견딜수 없었습니다.

특히 수학을 정말 좋아했습니다. 제가 다니던 오즈 고등학교에는 오자와라는 수학 선생님이 계셨는데 가르치는 방식이 너무나도 좋았습니다. 보통 시험에 대비해서는 되도록 많은 문제를 푸는데 오자와 선생님은 90분 수업 시간 동안 어려운 문제 하나만 곰곰이 풀게 하는 방식이었습니다.

공식이나 정리에 단순히 숫자를 집어넣는 수업은 하지 않았습니다. 학생들과 하나가 되어 문제를 자세하게 생각하고 어떻게 해서 풀어나갈 것인지 차근차근하게 설명해주셨습니다. 이과계 과목이라도 암기하는 건 너무너무 싫었습니다. 공식이나 정리 등을 암기하는 것도 서투릅니다. 그래서 더욱 오자와 선생님의 수업이 좋았습니다.

그렇지만 시험을 치르면 저 같은 사람은 불리합니다. 일반적으로 문제가 하나뿐인 시험은 없습니다. 여러 문제를 내서 맞은 개수로 순위를 정하는 것이 시험입니다. 공식을 외우고 거기에 숫자를 집어넣으면 시험 문제는 바로 풀립니다. 그러나 저는 한 문제 한 문제 꼼꼼하게 생각하기에 시간이 부족합니다. 당연한 결과지요.

학급의 머리 좋은 아이들 몇몇은 수학 시험이 시작되면 잽싸게 문제를 풀고 제가 온갖 고생하는 모습을 거들떠보지도 않고 휙 하고 답안지를 제출합니다. 그 아이들은 실은 공식이나 정리를 통째로 암기하고 있어서 그처럼 빨리 풀 수 있었습니다. 그런 줄도 모르고 저는 '저 애들은 천재인가' 하고 언제나 감탄했습니다.

확고한 목적도 없이 치른 대학시험

저는 세상 물정 모르는 시골 고등학생이었습니다. 더구나 암기하는 방법도 모르고 암기하려고 노력도 하지 않는 아무 쓸모 없는 인간이었습니다.

대학에서는 무슨 공부를 하는지 대학의 교과내용도 몰랐습니다. 대학에 진학하라고 부모님과 선생님이 말씀하시는 대로 그저 아무런 의문도 품지 않고 대학시험을 치렀습니다. 목표 대학은 도쿠시마대학 전자공학과였습니다.

세상 물정도 모르니 어디로 가야 하겠다는 구체적인 목표도 없었습니다. 선생님은 이학부로 가면 먹고 살 수 없다고 말씀하셔서 공학부의 전자공학과를 택했습니다. 왜 도쿠시마대학 공학부로 정했는가 하면 이과와 문과의 과목 배점이 크게 달랐기 때문입니다. 공통일차센터시험(수능시험과 비슷한 전국공통시험)이 없던 당시에는 대학별로 수험과목이 달랐습니다. 도쿠시마대학 공학부는 문과과목의 배점이 낮고 제가 잘하는 이과과목의 배점이 높았습니다.

이미 형이 4년제 사립대학에 다니고 있었고 동생도 곧이어 대학에 가는 집안 사정을 생각하면 재수는 불가능했습니다. 현재 고3으로 단번에 합격하기 위해서는 되도록 입학하기 쉬운 대학을 택하지 않으면 안 되었습니다.

고등학교의 같은 반 친구들이 "도쿠시마대학에 간다."고 말한 것도 크게 영향을 받았습니다. 간단히 말하면 고교 시절의 저는 확고한 주관도 없고 분명한 목표도 없이 친구들에게 부화뇌동하여 합격하기 쉬운 대학에 시험을 본 것입니다.

시험에 익숙해지려고 사립인 도시샤대학(同志社大學, 시인 윤동주가 다닌 대학—옮긴이) 공학부도 응시했습니다. 중압감에 약한 타입인 데다 암기과목을 매우 싫어했기에 합격할 자신이 없었습니다.

결국 이 두 학교 외에는 응시하지 않았습니다만 운이 좋아서 두 군데 모두 합격했습니다. 그런데 끝내 졸업 직전에 사건이 터지고 말았습니다.

사회과목과 국어 같은 암기과목이 너무 싫은데 졸업시험 과목에 세계사가 필수였습니다. 저는 그게 너무 싫어서 학교에 가지 않고 집에 틀어박힌 겁니다. 사실은 아무리 공부해도 잘 안 되어 시험 볼 자신이 없었습니다.

결국 아오노 담임선생님이 집에까지 저를 데리러 와서 겨우 추가시험을 치르고 졸업할 수 있었습니다. 시험 성적은 아주 나빴지만 그런 일이 있고서야 겨우 정식으로 대학생이 되었습니다.

대학에 일반교양 과정이 있을 줄이야

저는 대학에 입학하면 제가 좋아하는 공학과 물리학을 마음껏 공부할 수 있으리라 생각했습니다. 사회나 국어 과목에 정말 질렸기 때문에 대학에 들어가기만 하면 그런 '쓸모없는 것'은 더 이상 할 필요가 없으리라 여겨 좋아하고 있었습니다.

그런데 당연한 일이지만 대학에는 교양과정이 있습니다. 당시에는 대체로 대학 교양과정이 1학년, 2학년 해서 2년입니다. 헌법이나 사회학 혹은 심리학 등 제가 가장 싫어하는 과목을 수강해야 했습니다.

저는 대학에 들어가서야 그 사실을 알고 경악했습니다.

'공학부에 들어왔는데 왜 헌법이나 사회학을 공부하지 않으면 안 되는 거야!'

머리끝까지 화가 나서 나온 말이 이것입니다. 놀람은 결국 분노로 변했습니다.

더구나 고등학교에서 선생님들은 "대학에 가면 좋아하는 과목만 하면 돼." 하고 말씀하셨습니다. 속은 기분이었습니다. 대체 왜 대학까지 가서 중·고등학교에서 배운 사회나 국어 과목을 반복해서 공부해야 하는 것일까요? 저는 도저히 이해할 수가 없었습니다.

게다가 더 큰 수수께끼는 선생님의 말씀입니다. 왜 거짓말까지 하면서 그렇게 대학에 가라고 했을까요? 머리끝까지 화가 난 저는 학교에 가지 않았습니다. 학교에 가는 대신 하숙집에 틀어박혀 생각만 계속했습니다.

'힘들게 수험공부를 해서 모처럼 희망하는 공학부에 입학했지만 전문적인 공부는 조금도 할 수 없을 뿐만 아니라 재미없고 지겨운 암기과목 천지야. 이런 황당한 일이 왜 일어난 것일까? 대학입학시험이라는 하잘것없는 것이 왜 존재하지? 국어나 사회 같은 것을 다시 외워서 뭘 어쩌자는 것일까?'

무언가를 생각하는 것은 지금도 제가 아주 좋아하는 일입니다. 대학이나 수험제도의 의미, 지금까지 공부한 것을 필사적으로 생각하고 또 생각했습니다. 그러자 차례차례 일본의 사회와 교육 제도에 대한 의문이 떠올랐습니다.

당시 제가 느끼고 나름대로 내놓은 답은 뒤에서 말하기로 하겠습니다.

쓸모없는 암기에만 매달리는 아이들

암기를 싫어하고 잘 기억하지 못하는 것은 지금도 마찬가지지만 조금씩 변하기 시작한 때는 대학에 입학하면서부터입니다. 대학에 입학하고 나서도 암기과목을 공부하지 않으면 안 된다는 사실에 분노가 폭발하여 하숙집에 틀어박혀 지내고 있을 때 부모님이 하신 말씀은 "제발 졸업만 해라."였습니다.

결국 한참 고민한 끝에 다시 대학에 다니기 시작했습니다. 너무 심각하게 생각하지 말고 졸업만을 목표로 담담하게 대학에 다녔습니다. 특히 교양과정의 2년은 정말 어이없다고 생각하면서도 어쩔 수 없이 강의를 들었습니다.

　시험은 적당히 보려고 마음먹었지만 지기 싫어하는 성격 탓에 나도 모르게 진지하게 대했습니다. 차츰 요령도 알게 되어 열심히 했습니다. 대학에서 중간고사나 기말고사가 다가오면 1주일 전부터 강의 노트나 교과서, 전문서, 문제집이나 그 해답집 등을 그저 아무 생각 없이 가로지르는 것처럼 대충 보면서 여러 차례 읽는 방법으로 공부했습니다. 그러자 의외로 머릿속에 잘 들어와 외우게 되었습니다.

　물론 공학부의 전공과목 강의는 좋아하는 과목이기 때문에 잘 외웠습니다. 그러나 불가사의하게도 위에서 말한 방법으로 공부하니 잘하지 못하는 교양과목도 그러저럭 해낼 수 있었습니다.

　제가 암기를 정말로 싫어하는 이유는 마구 외우면 되는 것을 '이건 왜 이렇지'라든가 '무슨 말을 하고 싶은 거지' 하고 이것저것 많이 생각하는 바람에 조금도 진도가 나아가지 못하기 때문입니다. 내용을 제대로 이해하려고 하면 그 배경이나 주변 지식을 알아야 합니다. 이렇게 배경이나 주변 지식까지 알려고 하면 불가능하다고까지는 말할 수 없지만 도저히 그 전부를 다 암기할 수가 없습니다. 이해하지 않은 채 외우는 것은 완전하게 외운 게 아니라고 생각했습니다.

　예를 들어 역사에서 사람 이름이나 연호 등을 잘 외우지 못한 이유도 그 사람이 어떤 일을 했고, 그 결과 몇 년에 무슨 일이 일어났는지를 나름대로 이해하지 못하면 제대로 암기할 수 없기 때문입니다.

　가마쿠라 막부(幕府, 바쿠후로 읽으며 일종의 군부정권을 가리킨다—옮긴이)의 성립은 1192년으로 되어 있습니다. 당시 많은 학생이 이것을 "이이쿠니 만들자 가마쿠라 바쿠후"라고 만들어 암기하였습니다 (1192년을 일본어로 소리를 내면 이치이치쿠니가 된다. 그래서 1192년의 앞 글자를 떼어서 조합하여 이이쿠니라고 한 것이다. 동시에 이이쿠니라고 하면 좋은 나라라는 의미가 되기도 한다—옮긴이). 그런데 저는 다른 아이들하고 달랐습니다. 먼저 가마쿠라 막부는 어떤 것이고, 왜 그 해에 막부가 성립했는지 이해해야 했습니다.

암기는 어쨌든 외우기만 하면 됩니다. 이것저것 따지면 도저히 외울 수 없습니다. 저는 대학에 들어가서야 겨우 그것을 알게 되었습니다. 돌이켜보면 고교시절에 같은 반 아이들이 엄청나게 빨리 시험문제를 풀 수 있었던 이유도 이와 같은 방법으로 통째로 암기했기 때문입니다.

똑같은 방법으로 암기의 요령을 터득한 저도 대학 시험에서는 다른 누구보다도 먼저 해답을 써서 주위에서 "나카무라라는 놈 천재 아냐." 하고 놀라워했습니다.

그렇지만 내용을 잘게 분해하여 이해하는 것이 아니고 통째로 암기하는 것이라 1주일만 지나도 거의 잊어버리고 맙니다. 그야말로 기억력의 낭비입니다. 전혀 의미 없는 바보 같은 짓이지요.

이와 같은 암기물은 인류를 위하기는커녕 오히려 유해합니다. 왜냐하면 젊은 사람의 귀중한 능력을 쓸데없이 소모하기 때문입니다.

저의 대학 성적은 좋아졌지만 암기물은 한층 더 싫어졌습니다. 아이들이 이런 아무 쓸데없는 암기에 노력을 낭비해서는 안 된다고 봅니다.

귀중한 소질을 썩혀버리는 교육시스템

공부는 모처럼 호기심을 자극하기 때문에 아이들에게는 재미있게 마련인데 음악 성적이 나빴던 저처럼 아이들에게 억지로 밀어붙이고 무리하게 주입식으로 하면 공부를 싫어하게 됩니다.

최근에는 인터넷이 발달하고 컴퓨터가 대량 보급되어 초등학교 · 중학교에서 정보처리 수업을 합니다. 그런데 컴퓨터 교과서도 내용을 읽어보면 쓸모없는 지식만 나열되어 있습니다.

음악 수업에서 베토벤이나 모차르트의 작품명과 그 작품의 연대를 외우는 것과 똑같은 일입니다. 본래 공부의 목적과는 전혀 관계없는 일입니다. 소프트나 하드 같은 지엽말단적인 지식은 외우지 않아도 지금의 컴퓨터는 감각으로 사용할 수 있습니다. 컴퓨터는 그저 도구일 뿐입니다. '어떻게 사용할까?' 이것이 가장 중요합니다. 전자레인지의 원리와 구조를 훤하게 알고 있어도 맛있는 요리를 만들지 못하면 아무짝에도 쓸모가 없습니다. 컴퓨터도 이와 마찬가지입니다.

게다가 컴퓨터의 기술은 매일매일 발전합니다. 그야말로 도그 이어(dog year, 정보 통신 중에서 인터넷 분야의 비즈니스나 기술이 놀라운 속도로 급변하는 것을 나타내는 표현. 개의 수명을 인간과 비교할 때 개의 1년은 대체로 인간의 7년에 해당한다는 연구 결과가 보고되었다. 1년 동안에 인터넷 분야의 변화가 기존 산업 분야에서의 수년 분에 해당하므로 이러한 용어가 사용된다고 한다―옮긴이)의 속도로 진보하고 있습니다.

18~24개월마다 반도체의 집적도는 두 배가 증가한다고 하는 '무

어의 법칙'도 있습니다. 소프트웨어도 계속 새로운 버전으로 진화합니다. 하드웨어나 소프트웨어에 대한 지금의 지식은 몇 년 후에는 전혀 쓸모가 없을 수도 있다는 것도 예상할 수 있습니다.

컴퓨터 수업은 우선 아이들이 컴퓨터에 흥미를 가지고 좋아할 수 있도록 하지 않으면 안 됩니다. 흥미를 가지고 좋아하면 그것에 대한 지식은 자신이 알아서 척척 흡수합니다.

처음부터 컴퓨터게임을 시켜도 좋습니다. 반별로 인터넷 홈페이지를 만들어보는 것도 좋습니다. 모두가 왁자지껄 떠들면서 게임으로 경쟁도 하고 컴퓨터그래픽을 만드는 법을 서로 가르치기도 하고 돕기도 하면서 컴퓨터에 대하여 배워갑니다.

대개 아이들이 선생님보다 훨씬 적응력이 좋기 때문에 컴퓨터의 원리나 사용방법은 금방 기억합니다. 그런데 이런 것들을 어려운 기술용어로 외우게 하면 일부러 싫어하게 만드는 것과 진배없습니다. 일본의 교육시스템은 그야말로 무능하고 바보 같은 관리나 학자가 독선적으로 만들고 있다고밖에 생각되지 않습니다.

이런 교육시스템이 바로 아이들의 귀중한 소질을 죽이고 아이들의 에너지를 쓸모없이 소모시킵니다.

문제의 정답은 무수히 많다

요즈음 학력 저하가 문제입니다. 대학생의 이해력이 떨어지고 있다든가 초등학교에서 배웠어야 할 기초적인 수학을 모른다든가 하는 등의 이야기가 언론매체 등에서 떠들썩합니다.

어느 대학의 교수는 분수 곱셈 같은 간단한 계산도 못하는 대학생을 대표적인 예로 들어 교육의 문제점을 지적했다고 합니다.

일본의 대학입학시험은 각 과목의 평균으로 합격과 불합격을 정합니다. 문과과목에서 점수를 버는 학생은 이과과목을 다소 못해도 합격합니다. 특히 일부 사립대학 문과계열 학부의 입시에서는 수학이나 이과과목이 없어서 초등학교 때 배웠어야 할 수학을 못하기도 합니다.

저도 문과계열의 암기과목은 전혀 못했기 때문에 도쿠시마대학의 입학시험을 볼 당시 물리와 수학 그리고 영어 과목의 득점만으로 합격했습니다. 따라서 극단적인 이야기입니다만 문과 학생들 중에는 수학이 0점인 사람도 있을 겁니다. 대학생이면서도 초등학생보다 수학을 못하는 것이 부끄러운 일이라고 생각하는 분도 있다는 사실을 이해합니다.

그러나 저는 분수 계산을 못한다고 해서 인생을 살아가는 데 그다지 문제가 된다고는 생각하지 않습니다. 분수 곱셈을 못하면 죽는다고 한다면 그거야 다른 일이지만 실제 생활에서 분수 계산은 거의 사용하지 않습니다. 일반 회사에서 경리 관계 일을 하는 사람들마저도 분수는 사용하지 않습니다. 이과의 전문 분야에서도 분수를 사용하는 사람은 거의 없을 겁니다.

저 역시 분수를 사용하는 연구는 하지도 않고 알아야 할 필요도 없습니다. 사과를 네 개로 나누고 싶으면 과일칼로 4등분하면 끝입니다. 그 이상도 그 이하도 아닌 그런 정도의 이야기일 따름입니다.

지금 일본의 교육은 어떤 과목이라도 빠짐없이 평균적으로 잘하지 못하면 안 된다는 생각에 지나치게 빠져 있습니다. 정말로 분수가 필요하다면 그때 가서 배우면 됩니다. 평생 한 번이라도 사용할지 안 할지도 모르는 문제로 우열을 겨루는 건 아무 의미 없는 일입니다. 오히려 대학생의 학력 저하를 분수 계산 능력으로 판단하는 것이 문제라고 생각합니다.

상대도 자신과 같은 씨름판 위에 서지 않으면 안 된다고 하는 것은 오만한 생각입니다. 일본의 대학 교수들은 대학입시를 뚫고 승리한 울트라 퀴즈왕(한국식으로 말하면 퀴즈의 달인—옮긴이)입니다. 따라서 아이들을 똑같이 울트라 퀴즈라고 하는 씨름판 위에 세우고 싶어 합니다. 왜냐하면 그곳이 자신이 가장 자신 있는 씨름판이기 때문입니다. 그들은 이길 수 있는 씨름판이 아닌 딴 곳에서는 승부하려고 하지 않는 비겁자들입니다. 그들은 자신의 권위를 지키기 위하여 목숨을 겁니다. 일본에는 이와 같은 울트라 퀴즈왕들이 너무나 많은 권력을 움켜쥐고 있습니다. 교육제도가 웬만해선 변하지 않는 이유도 그 때문입니다.

기업 내 재교육은 사회의 큰 손실이다

최근 10여 년간 기업의 재교육이 화제가 되고 있습니다. 제일 처음에는 도요타와 소니 등에서 '사내대학'이라는 형식으로 시작했습니다. 고용의 유동화 등으로 발생한 중도채용 사원이나 파견사원을 재교육하는 것처럼 목적이 변하기도 했지만, 처음에는 대학을 갓 졸업한 신입사원이 대상이었습니다.

이것도 대학생의 학력저하 등과 관련이 있는 것 같습니다. 대학을 졸업해도 실무 능력이 없는 사람을 기업이 독자적 방법으로 다시 가르쳤기 때문입니다.

결국 이것은 기업이 교육제도에 거의 기대하지 않는다는 사실을 드러낸 것입니다. 초등학교부터 대학 졸업까지 16년 동안 귀중한 세금과 설비, 인원 등을 들여 사회 전체가 공들여 키워온 아이들인데 재교육하지 않으면 거의 쓸모가 없습니다. 기업도 재교육에 품과 시간을 들이고 투자를 해야 합니다.

이것은 본인에게도 가장 중요한 인생의 낭비인 동시에 사회적으로도 큰 손실입니다. 자원을 아무 쓸모 없이 소비해버린 것도 무시할 수 없는 큰 문제입니다. 국민이나 기업이 더욱더 목소리를 높여 지적해야 할 문제입니다.

기업이 원하는 사람은 현장에 바로 투입할 수 있는 실력을 갖춘 인재입니다. 문과라면 시장과 경영, 영업, 법률 등에 대한 전문적인 지식을 가지고 그 지식을 현실의 비즈니스 현장에서 응용할 수 있는 인재입니다. 이과라면 첨단기술이나 아직 개발의 여지가 있는 분야 등에 관한 지식을 비즈니스에 직결할 수 있는 기초연구나 응용개발이 가능한 사람을 원할 것입니다.

대학에서 그러한 학생을 발굴하지 못했기 때문에 기업은 재교육을 하여 실무에 투입할 수 있는 사람으로 바꾸지 않으면 안 되는 것입니다. 그렇지만 일본의 대학에서는 지식도 기술도 자신감도 없는 학생들이 자동적으로 매년 대량으로 밀려나옵니다.

그것보다 더 큰 문제는 기업의 재교육으로는 독창적이고 다양한 아이디어가 나오기 어렵다는 사실입니다. 가능성이 아주 큰 인재라고 해도 기업이라는 틀 속에 들어가면 조그마하게 줄어드는 경우가 많습니다.

이와 같은 현실을 생각하면 현재 일본에서 특히 기업이 교육개혁을 소리 높여 주장하는 것도 당연한 일입니다.

'자신이 공부하고 싶은 것은 자신이 선택한다.'

이것이 교육의 기본입니다.

억지로 밀어 넣거나 강제로 시켜서 하는 공부를 좋아할 리 없습니다. 자신이 하고 싶은 일, 좋아하는 일일 때 비로소 의욕도 나오고 효과도 올라갑니다. 누구에게도 강요받지 않고 자발적으로 배울 때 비로소 의미가 있습니다.

역시 대학에서는 일반 교양과정을 폐지하고 모두 선택과목으로 해야 합니다. 중·고등학교에서 기초적인 일반교양은 한 번 배웠습니다. 그 위에 더 깊은 지식을 쌓고 싶은 학생은 필수가 아니라 선택해서 공부하면 됩니다. 그 대신 법학부에 들어가면 1학년 때부터 전문적인 법률지식이나 응용력을 기르는 공부를 충실히 합니다. 공학부에 들어가면 항공공학이나 양자역학 등과 같은 전문지식이나 기술을 4년간 확실하게 익힙니다. 그렇게 하면 대학 졸업 무렵에는 실전적이면서 새로운 발상을 지닌 학생들이 많이 탄생할 것입니다.

1+1은 2일까?

"1+1은 2가 아닙니다." 이렇게 말하면 "뭐? 이상한 말을 하는 사람이 다 있네. 1+1은 2라고 정해져 있어요." 하며 수상한 눈초리로 쳐다봅니다. 그러나 실제로 기본적인 숫자나 공식은 모두가 일정한 가정 위에서 성립합니다.

누군가가 편리하기에 그렇게 정한 것으로 그 누군가 외에는 알지 못하는 경우도 많습니다. 그 누군가 외에 다른 사람은 아무도 모른다면 전혀 의미 없는 이야기입니다.

숫자든 공식이든 전부 모호한 환상이라고 말할 수도 있습니다.

원주율도 그와 비슷합니다. 3.1415926535……이라고 컴퓨터를 사용하여 소수점 이하 12조 자리까지 계산해도 끝이 나지 않습니다. 결국 정확한 원주율은 나타낼 수 없기에 π라는 기호를 사용할 수밖에 없습니다. 한마디로 원의 면적은 정확한 값을 영원히 구할 수 없습니다. 게다가 그 이전에 원의 면적을 구하는 πr^2이라는 공식의, 즉 반지름(r) 자체를 정확하게 계측할 수도 없습니다.

물리학 공식도 같습니다. 예를 들면 마찰계수도 현실의 세계에서 동일한 결과가 나오지 않습니다. 어디까지 가정의 수치를 적용해서 성립할 따름입니다. 환상에 지나지 않습니다.

숫자도 그렇습니다. 1이라는 숫자. 이것은 누군가가 마음대로 정한 것입니다. 제 말이 의심스럽다면 1이 도대체 어디에 있는지를 생각해보십시오.

여기에 개가 1마리 있습니다. 또 고양이도 1마리 있습니다. 이 개와 고양이는 같은 것이 아닙니다. 개 1마리와 고양이 1마리를 더해도 개가 2마리가 된다거나 고양이가 2마리가 되는 것이 아닙니다. 개가 1마리, 또 1마리가 더 있다고 해도 그렇습니다. 바둑이라는 개와 메리라는 개가 있으면 바둑이 1마리, 메리가 1마리 있습니다. 바둑이가 2마리가 된다거나 메리가 2마리가 되는 일은 절대로 없습니다.

궤변이 아닙니다. 요컨대 1이라는 것은 어디까지 편리하기에 만들어진 가상의 값에 지나지 않습니다. 어떤 1과 완전히 같은 다른 1, 그런 것은 이 세상에는 절대로 존재하지 않습니다.

복제인간이 화제가 되고 있지만 복제인간도 원래의 인간과 완전히 똑같은 인간은 아닙니다. 자라는 환경이 다르기 때문에 성격도 다르고 체격도 다릅니다.

어느 것 하나 똑같은 것은 없다는 사실이 우리를 둘러싼 현실세계입니다. 현실에 없는 것을 있다고 가정하여 만족할 수 있을 정도의 근사치로 계산하거나 공식으로 하고 있습니다. 현실에는 존재하지 않기 때문에 아무리 숫자를 나열하여 공식으로 적용해도 비현실입니다. 근삿값이고 비현실적이기 때문에 애매한 것입니다. 1이 애매하니 2도 당연히 애매합니다. 따라서 당연히 3, 4, 5도 애매함의 극치입니다.

과학은 이처럼 애매하고 어렴풋한 기반 위에 성립합니다. 모든 현상을 해명할 수 있는 수식이나 공식은 아직 누구도 발견하지 못하였습니다.

독창성이야말로 무엇보다 중요하다

어떤 현상이나 일어난 일을 설명하려면 말을 사용하는 것이 가장 전달하기 쉽고 알기도 쉽습니다. 이것은 진리입니다.

예를 들면 전류의 흐름이나 우주공간을 도는 인공위성의 움직임, 대포에서 발사된 포탄이 떨어지는 위치 등은 전부 말로 설명할 수 있습니다. 특히 물리학은 말로 설명하는 것이 가장 간단합니다.

어떤 현상의 원리를 발견한 인간은 그 원리를 설명하는 것이 복잡하기 때문에 공식이나 이론을 생각해냅니다. 자신이 발견한 원리를 완벽하고 이상적 상황을 가정한 상태에서 공식이나 이론으로 만들어 제3자에게 이러이러하니 해보라고 말합니다.

그렇지만 공식이나 이론은 애매하고 어슴푸레합니다. 예를 들면, 기온과 기압이 똑같이 일정한 이상적 상태는 현실 세계에는 존재하지 않기 때문입니다. 현실의 값을 아무리 집어넣어도 기껏해야 플러스 마이너스 30퍼센트 정도밖에 바른 답이 나오지 않습니다. 대부분의 공식은 약 50퍼센트 정도의 확률입니다. 노벨상을 받을 수 있을 정도의 이론이라고 하여도 비슷합니다. 그런 것들을 아무리 공부해봐야 전혀 도움이 되지 않습니다. 어떻게 하든 30퍼센트 정도밖에 답이 맞지 않는 것입니다.

이와 같은 경우 역시 이론을 발견한 사람에게 직접 설명을 듣는 것이 가장 알기 쉽습니다. 그 사람의 독창적인 사고를 말로 설명해서 듣는 것입니다.

그런데 처음에는 10만 원 정도에 경매에 나왔을 법한 한 장의 그림이 고흐의 작품으로 판명된 순간 수억 원에 낙찰되었다고 하는 보도가 있었습니다. 이 가격의 차이는 무엇을 의미할까요?

예술은 이처럼 애매하고 모호합니다. 물리학도 예술과 마찬가지입니다. 절대라는 것은 이 세상에 존재하지 않습니다. 그림에서도, 이론에서도 독창성(originality)이야말로 무엇보다도 중요합니다.

'자기 나름의 발상으로 일의 흐름을 생각하고 자기 나름의 방법을 확립하여 그것을 자신의 언어로 설명할 수 있다.'

아이들에게 이와 같은 힘을 길러주는 것이 교육입니다. 대학입학 시험에 합격하기 위한 울트라 퀴즈를 아무리 열심히 해도 이와 같은 힘은 절대로 몸에 붙지 않습니다.

시험문제의 답은 하나가 아니다

똑같은 말을 반복하는 것처럼 보이지만 아이가 흥미를 가지고 그것을 좋아하지 않으면 공부는 하지 않는 편이 더 좋습니다. 예를 들면 미국의 어느 학교에서는 역사 시간에 아이들이 모두 참여하는 간단한 역할극을 한다고 합니다. 누구나 자신이 하고 싶은 역할을 할 수 있습니다. 어떤 아이는 링컨 역을 합니다. 세 사람이 워싱턴 역을 하는 역사극을 연기하기도 합니다. 의상도 시대 고증을 하여 자신이 직접 만들고, 배경이 되는 그림도 모두가 함께 그립니다. 이렇게 해서 링컨 역을 하고 싶은 아이는 링컨에 대하여 공부해옵니다.

다른 아이들은 그 아이에게 링컨에 대하여 질문합니다.

"당신은 어떤 일을 했습니까?"

"대통령이 되었을 때 왜 전쟁이 일어났습니까?"

자신이 하고 싶어 하는 배역이고, 좋아서 연기하는 것이기 때문에 흥미를 가지고 다양한 내용을 조사합니다. 그런 질문에 답할 수 있도록 공부하는 과정에서 링컨과 그 당시의 역사를 자연스럽게 배우게 됩니다.

학교에서 역사라는 과거를 강제로 공부하라고 말해도 아이들은 흥미를 보이지 않습니다. 오히려 역효과가 나서 역사에 싫증을 냅니다.

역사를 좋아하는 많은 아이들이 공통적으로 텔레비전 드라마나 책에서 고대 역사의 장군이나 영웅호걸의 가슴 뛰는 이야기를 보고 읽으면서 흥미를 갖지 않을까요?

숫자가 나열되어 있는 연대나 누군지도 모르는 인물의 이름을 외워봐야 도움이 안 됩니다. 아이들이 역사에 흥미를 갖기를 원한다면 역할극을 시키는 미국의 어느 학교처럼 그 나름의 연구를 하지 않으면 안 됩니다. 아이들에게 억지로 주입하는 것에 만족한 채 좀 더 좋은 방법을 찾으려고 노력하지 않는 어른들이 가장 큰 문제입니다. 수학이나 국어, 사회 등 학교 공부가 의미 없는 이상, 시험을 치르더라도 그것으로 진정한 능력을 알 수는 없습니다. 두루뭉술하고 어슴푸레한 것을 기준으로 하는 한 아이들의 능력을 측정할 수 없기 때문입니다.

수학이든 국어든 답이 하나뿐이라고 하는 생각은 틀려도 아주 틀린 생각입니다. 1이라는 숫자의 의미가 모호하기에 수학에도 답이 여러 개입니다. 국어도 마찬가지입니다. "다음 괄호 안에 들어갈 적당한 단어를 고르시오." 하는 문장문제에서 괄호에 들어갈 단어는 무수히 많습니다. 학교에서 치르는 시험문제의 답은 진지하게 생각해보면 정답이 하나가 아니거나 애초에 정답 자체가 존재하지 않는 경우도 적지 않습니다.

그처럼 모호하고 어슴푸레한 기준으로 시험을 치르는 것보다 예를 들면 학급 전체가 연극을 하거나 여러 달에 걸쳐서 소논문을 완성한다거나 독서 후 감상문을 쓰는 편이 훨씬 도움이 될 것입니다.

이과 기피 현상을 멈추게 하는 방법

아이들의 이과 기피 현상이 멈추지 않는 것 같습니다. 국제 학력테스트에서 일본 아이들이 수학과 과학 과목에서 아무리 높은 점수를 얻어도 수학, 과학 자체를 좋아하는 아이들은 대단히 적습니다. 저는 어릴 때부터 수학과 과학을 매우 좋아했기 때문에 이런 경향을 매우 안타깝게 생각합니다.

수학과 과학을 좋아하는 적은 수의 아이들도 고등학교에 진학할 무렵이면 수학을 무척 힘들어 합니다. 아마도 미적분 근처에서 좌절하는 것 같습니다. 고교에 입학할 때까지 수학, 과학을 좋아했는데 이렇게 되면 정말 안타까운 일입니다.

자원은 없고 인구는 많은 일본은 공업입국으로 발전해왔습니다. 공업을 지탱하여온 것은 기술입니다. 여기에는 두말할 나위 없이 수학적·과학적 사고방식이 없는 기술력은 성립할 수 없습니다. 나라와 산업계 전체가 아이들의 이과 기피에 위기감을 느끼는 것은 당연한 일입니다.

이 때문에 문무과학성이 2002년부터 전국 고등학교 중에서 이과 계통의 교육을 잘하는 학교를 '슈퍼사이언스 고등학교'로 선발했다고 합니다. 이렇게 선발한 고등학교에서는 이과에 특화된 교육을 실시합니다. 거기에 더해서 2003년부터는 전국 초등학교, 중학교 중에서 '이과를 좋아하는 학교'를 선발하여 자연계 과목에 중점을 두는 교육을 실시하는 것 같습니다.

그러나 전국의 진학고교(고등학교 중에 대학 진학을 중점으로 하는 명문 고등학교를 의미—옮긴이) 중에는 자연계 과목을 집중적으로 가르치는 학교가 그 이전부터 많이 있었습니다. 그다지 새로운 것도 아닙니다.

이과 기피의 근본 원인을 해결하지 않은 채 초등학생, 중학생 중에서 학생을 선발하여 이과 교육을 실시하려는 생각은 무의미하다고 여겨집니다.

문부과학성만이 아니라 일본의 고급 관료는 대부분 일류 대학을 나온 고시합격생입니다. 자신들의 지위와 권위는 지금까지의 대학 시험제도로 확립되었기 때문에 대학입시 제도를 위협하는 개혁을 할 리가 없습니다. 언론이나 산업계가 시끄러우면 그야말로 살짝 개혁하는 시늉만 내다가 적당히 얼버무려 넘어가려고 할 따름입니다. '슈퍼사이언스 학교'라고 하든 '이과가 너무 좋은 학교'라고 하든 진짜로 교육을 개혁하려는 생각은 없습니다.

관료에게 맡겨두어서는 안 됩니다. 그럼 도대체 어디를 어떻게 개혁해야 할까요?

말할 필요도 없지만 역시 주입식 교육, 대학 시험만을 목적으로 하는 교육 시험 체계를 바꾸지 않으면 절대로 안 됩니다.

세상일에는 어떤 것이든 이유가 있습니다. 즉 이유가 있기 때문에 설득력도 더 있습니다. 어떤 일어난 일, 그 일만 본다고 해도 그것이 일어난 이유나 그것을 일어나게 한 동기 등을 알지 못하면 진정한 의미에서 그 일을 이해한 것이 아닙니다. 이해 이전에 그 일어난 일에 대한 흥미나 호기심조차도 일어나지 않을 것입니다.

고교생의 수학 기피도 똑같습니다. 수학 수업시간에 갑자기 미적분을 가르치려고 해도 효과는 적습니다.

이 세상의 모든 문제는 자연 속에 있습니다. 자연 속에 있는 문제를 해결하기 위해 인간은 지혜를 짜내고 경험을 쌓으면서 진보했습니다. 이러한 자연 속에 존재하는 문제를 해결하기 위한 첫걸음이 물리학입니다. 배를 뜨게 하거나 큰 바위를 움직이거나 천체의 움직임을 예측할 때 물리학이 없으면 실현할 수 없습니다.

물리학을 공부하려면 수학이 필요합니다. 여기서 처음으로 수학이라는 학문이 필요해졌습니다. 바꾸어 말하면 수학은 물리학에 필요해서 생긴 학문입니다. 그 이유를 모르면서 갑자기 수학을 공부한다는 것은 난폭하고 위험한 일입니다.

인간은 이유를 듣지도 못하고 "이것을 해!" 하는 말을 들으면 반발심을 느낍니다. 누구라도 똑같습니다. 갑자기 무조건적으로 "이렇게 해. 이유는 알 필요 없어!" 하는 말을 듣는다면 하고 싶은 마음이 생길 리 없습니다.

삼각형 내각의 합이 왜 180도가 되는지 그 이유부터 가르쳐주면 어쩌면 흥미가 일어날 수도 있습니다. 갑자기 "180도니까 암기해!" 하고 말하면 아이들에게는 절실히 다가오지 않는 것이 보통입니다.

이과교육을 기피하는 최대 원인은 이러한 설명 부족에 있다고 생각합니다. 문부과학성 중심으로 '어쩌구저쩌구 고등학교'를 아무리 선발해도 쓸데없는 일입니다.

원서를 이해하지도 않고 번역하는 학자들

대학에 들어가서야 비로소 대학의 교양과정에 엄청 싫어하는 암기과목이 있다는 것을 알고 충격을 받아 하숙집에 틀어박혀 있었다고 앞에서 이야기했습니다. 그러면서 저는 당시 일본의 교육제도와 관련하여 여러 의문이 들어 이 분야에 대한 책을 부지런히 읽었습니다.

무엇보다도 대학 자체에 대해서도 의문을 품었습니다. 그래서 대학 따위는 가지 않고 독학으로 전문지식을 얻을 수 있지 않을까 하는 시도도 해보았습니다. 시시한 대학에 가지 않아도 도서관에 가면 전문 서적은 얼마든지 많으니까 어떻게든 되지 않을까 했습니다. 그 정도로 독한 마음을 품었습니다.

간단히 말해서 혼자서 책을 읽으면서 물리학이나 수학을 공부하려고 한 것입니다.

대학자나 위대한 물리학자는 대부분 유럽과 미국 사람들입니다. 수학이나 물리학뿐만 아니라 근대 학문 영역은 대부분 그렇습니다. 그렇게 해서 해외 논문, 서적 등을 읽기 시작했습니다만, 원서는 보통 영어나 독일어, 프랑스어 등으로 쓰여 있습니다. 당연히 공부를 하지 않았으니 이해할 수가 없습니다. 독학인지라 가르쳐주는 교사가 없으므로 어쩔 수 없이 번역서에 손을 댔습니다.

일단 한번 원서에 도전했다가 실패했지만 약간의 내용은 머릿속에 들어왔습니다. 그런데 그런 상태에서 번역서를 읽어도 도저히 이해가 안 되었습니다. 오히려 무슨 말인지 더더욱 알지 못해서 한층 더 혼란스러웠습니다.

처음에는 제가 이해력이나 독해력이 부족해서 그런 거라고 생각했습니다. 그러나 차근차근 여러 번 읽어보니 아무래도 문제는 그게 아니었습니다.

원서의 저자는 자신만의 독창적인 수식이나 이론을 발견한 사람입니다. 수식이나 공식, 정리 등을 생각해낸 사람이 자신의 생각을 설명하기 위해서 책을 씁니다. 자신의 생각이기 때문에 보통 사람도 알 수 있게 평이하고 단순하게 씁니다. 그중에 인상 깊은 책은 노벨 물리학상을 수상한 도모나가 신이치로 선생이 쓴 《양자역학》입니다(도모나가 신이치로는 교토대학 물리학과 출신으로 1965년 노벨 물리학상 수상자다. 일본 최초의 노벨 물리학상 수상자인 유카와 히데키와는 초·중·고·대학 동기동창이다. 중학교는 원래 유카와 히데키보다 한 학년 위였는데 유카와가 월반하여 중2 때부터 같은 학년이었다. 독일에 유학하여 하이젠베르크의 연구 그룹에 속했다. 일본 현대물리학의 아버지로 불리는 니시나 요시오는 도모나가 같은 천재를 본 적이 없다고 한다—옮긴이).

그런데 자신만이 아는 말로 설명한 책도 있습니다. 그때까지는 어디에도 존재하지 않던 독창적인 내용이기 때문에 설명하기가 상당히 어려울 겁니다. 그 결과 독자들이 이해하기 어려운 것도 있습니다.

그래도 일본인이 쓴 책이라면 아직 양호한 편입니다. 번역 책은 일본어로 번역하는 사람이 내용을 전혀 이해하지 못한 채 자신만 알고 있다는 우쭐한 기분에서 마음대로 해석하기도 합니다. 학회에서 상당한 위치에 있는 학자조차도 제대로 이해하고 번역한 것인지 의심이 드는 해설서를 쓰기도 합니다. 그럼에도 마치 알고 있는 듯이 행세하면서 대학에서 가르치고 있으니 감당하기 어렵습니다. 일본의 대학교수들 중에 이런 사람도 있다는 사실을 알고 나서 저는 점점 더 일본의 교육을 불신하게 되었습니다.

자기 나름의 감정이나 경험에서 독창성이 생겨난다

번역을 믿을 수 없다면 어떻게든 노력해서 외국어 능력을 길러 원서를 읽을 수 있어야 합니다. 그러나 가령 원서를 읽을 수 있어도 지식이나 경험이 없는 어린 학생이라면 아무리 읽어도 알 수 없는 부분이 나옵니다. 그때 비로소 역시 대학에 가지 않으면 달리 길이 없는 자신의 무력함을 알게 됩니다.

그런데 앞에서도 말씀드렸지만 저는 생각하는 것을 매우 좋아합니다. 시간만 나면 무엇이든 골똘하게 생각합니다. 생각에 빠져드는 것이 일종의 취미가 되어 제아무리 어려운 문제라고 하여도 계속 생각하면 언젠가는 반드시 해답이 나올 것이라고 믿고 있습니다.

이미 말씀드린 것처럼 중·고교 시절 저는 배구부에 들었습니다. 정말 약한 팀이라 시합에서 이긴 적은 거의 없습니다. 이것은 거짓말이 아닙니다. 거의 매번 지기만 했습니다. 지기만 하니 생각합니다. 생각하지 않으면 진다고 믿었던 것입니다. 그때 무엇을 생각했느냐하면 당연히 시합에 이기는 방법입니다.

저는 역경을 발판으로 삼아 앞으로 나아가는 전형적인 '두고 보자형 인간'입니다. 힘든 환경, 어렵고 고통스러운 상황이 되면 비로소 본래의 힘을 발휘합니다.

배구 시합에서 졌을 때 느낀 억울함, 매일 연습을 하여도 강해지지 않는 안타까움……. 그것을 극복하기 위해서는 온 힘을 다해 생각하고 또 생각하지 않으면 안 됩니다.

그런데 당연한 것이지만 언제나 저는 혼자서 골똘히 생각합니다. 자문자답하면서 시합에 패했을 때의 경험을 바탕으로 어떻게 하면 좋을지를 생각합니다.

이때 그저 머릿속으로만 생각하면 안 됩니다. 실제 체험으로 시행착오를 경험해보아야만 합니다. 그런 시행착오의 연속이 성공을 가져옵니다.

아무것도 없는 상태에서 아이디어는 나오지 않습니다. 무에서 유가 나올 수는 없습니다.

수학이나 물리학에서의 독창적 생각도 마찬가지입니다. 어떤 일이든 실험이나 검증 등이 절대적으로 필요합니다. 필요는 발명의 어머니라고 흔히 이야기합니다.

그 당시 대학에도 가지 않고 하숙집에 틀어박혀 있으면서 손에 닿는 대로 책을 읽었습니다.

물리학의 궁극적인 단계로 가면 철학에 이릅니다. 왜냐하면 우리가 하는 학문은 모두 원래 자연계에서 일어난 일을 해명하려고 만들었기 때문입니다.

"우주는 왜 존재할까? 생명은 왜 탄생했을까? 인간은 왜 살아갈까?"

이러한 의문에 대한 답은 철학에 있을 겁니다.

여기서 동서고금의 철학자나 사상가는 대체 무엇을 생각했는지 알고 싶었고 알 필요가 생겼습니다. 그 때문에 책을 읽기 시작했습니다. 그러나 어떤 책에도 자신이 생각한 것, 이미 자기가 정한 답 외에는 씌어져 있지 않았습니다. 아무리 유명한 철학자가 쓴 책을 읽어보아도 마찬가지입니다.

'엄청난 것을 생각하는 사람이 있구나.' 하고 놀랐다거나 그 철학의 영향을 받았다는 일은 거의 기억에 없습니다.

역시 인간이 생각하는 것에는 그다지 큰 차이가 없습니다. 저 같은 사람이 조금 생각한 것이라고 해도 인류가 오랜 역사를 통하여 구축해온 철학이나 사상에 비하여 그렇게 손색이 있는 것이 아니라고 여긴 것입니다. 이 같은 생각도 저 나름의 의문이나 체험에 바탕을 두고 있습니다. 대학에 들어가 좌절감을 느끼고 교육제도에 분노하지 않았다면 이런 생각을 할 수 없었을 것입니다.

아이들이 실제로 체험하여 느껴야 합니다. 왜냐하면 실제로 체험하면 할수록 독창성이 넘쳐나는 사고능력을 보다 더 많이 함양할 수 있기 때문입니다.

이과 기피 현상이나 자연과목이나 수학을 싫어하는 아이들도 마찬가지입니다. 왜 그렇게 되는 것일까? 그와 같은 현상이 발생하는 이유부터 설명하면 흥미를 가지는 아이가 반드시 있습니다.

물론 학급의 모든 학생이 이과나 수학을 좋아할 리는 없지만 지금의 교육에서는 억지로 밀어넣고 있기 때문에 원래 이과를 좋아했을 아이들까지 싫어하게 됩니다. 교사가 아이들 나름의 구체적인 의문이나 체험에 바탕을 두는 교육을 해가면 무리하지 않아도 이과나 수학 과목에 흥미를 불러일으키지 못할 리가 없습니다.

직업 선택의 기준은 돈이 아니다

의사는 모두 돈벌이만 생각하는 나쁜 놈이라고 생각한 시기가 있습니다. 극단적인 이야기이지만 예전에는 의사에 대한 이미지가 그랬습니다.

물론 성적도 부족하고 어려워서 갈 수도 없었지만 이런 이미지 때문에 대학 입학 당시 의과대학에 가려는 생각을 전혀 하지 않았습니다. 이와 같은 저의 의식에 박차를 가한 사람이 대학 시절의 지도교수 타다 선생님입니다. 강의 도중에도 "의사 중에는 제대로 된 사람이 없어." "의대에 가는 놈들은 모두 돈에 미친놈들이야." 하는 등의 과격한 발언을 종종 하셨습니다.

반대로 "공대에 온 여러분은 훌륭해. 전자공학을 공부하다니 정말 근사해." 하면서 칭찬일색입니다. 저도 같은 생각이기에 마음속으로 박수갈채를 보냈습니다.

그러던 어느 날 타다 선생님 집에 찾아갔을 때의 일입니다. 선생님의 아들이 마침 저와 거의 같은 나이 대라서 어느 대학에 다니는지 물어보았습니다. 그러자 '오사카대학 의학부'라고 답을 하시는 것이 아니겠습니까?

'자신의 아들이 의학부에 진학했는데 우리에게 의사를 헐뜯어 이야기한다?'

당시 타다 선생님 말씀의 진의를 확인하지 못한 채 졸업했기 때문에 왜 그런 말씀을 하셨는지는 알 길이 없습니다만 엄청 놀랐습니다.

일본에서 의사는 돈도 잘 벌고 사회적으로 존경도 받고 국가시험으로 정부가 보장하는 안정된 신분의 직업입니다. 따라서 인기가 많아 의학부(한국에선 의과대학—옮긴이)의 입학경쟁률도 아주 높습니다.

경쟁률이 높다는 것은 시험에 합격하기 어렵다는 의미입니다. 앞에서 말한 대학입학시험이라는 암기 중시의 울트라 퀴즈에서 의과대학은 항상 최고급 울트라 퀴즈대회에 속합니다.

울트라 퀴즈만을 좋아하는 엄청난 공붓벌레를 예외로 하면, 직선 코스로 도쿄대학에 입학하는 시험수재(재수하거나 다른 대학에 갔다가 다시 도쿄대학으로 가지 않고 일직선식으로 도쿄대학에 간다는 의미—옮긴이), 즉 울트라 퀴즈 왕으로 자신의 아이를 만들려고 하면 가정교사를 채용하고 학원에 보내는 등 상상을 초월하는 교육비를 들이지 않으면 안 됩니다.

의사의 자녀 중에서 의사가 되는 사람이 그처럼 많다는 것은 의사가 되려면 고액의 교육비가 필요하다는 사실을 잘 방증하는 것입니다. 이와 같이 본인에게 어느 정도 머리와 의지가 있으며 부모가 다른 사람보다 재력이 있다면 울트라 퀴즈 왕이 되는 것은 그다지 어려운 일이 아닙니다. 이 책을 읽는 독자 여러분도 자신의 자녀를 울트라 퀴즈 왕으로 키우고 싶다고 생각하는지 어떤지는 모르지만 우수한 가정교사를 붙이고 비싼 학원에 보내면 자녀를 좋은 대학에 보내는 것은 그렇게 어렵지 않습니다.

일본은 봉건제 사회가 아닌데도 이렇게까지 2대 3대째 의사, 2대 3대째 정치가, 2대 3대째 사장이 많은 것은 이상한 일입니다.

'의사는 부자고 부자이기에 자신의 아이를 의사로 만든다.'

이렇게 해서 부자는 영원히 부자가 됩니다.

이처럼 최근까지 일본에는 부잣집 아이들은 돈을 잘 버는 직업을 가지고 가난한 집의 아이들은 돈을 잘 못 버는 직업을 가져 계속 가난하다는 직업의 고착화가 확실히 자리를 잡고 있습니다.

돈벌이를 쫓아 의사가 되는 잘못된 사회

솔직히 저는 지금도 일본의 많은 의사가 돈을 많이 벌고 싶어서 의사라는 직업을 택한 것이 아닐까 생각합니다. 여기에는 의료에 종사한다는 이념이나 고매한 이상은 존재하지 않습니다.

의료 사고나 의료 소송이 증가하고 의사와 제약회사 사이에 불상사가 없어지지 않는 것도 돈벌이를 위해 의사가 된다는 폐해가 표면으로 드러난 것이 아닐까 합니다.

의사의 지역 편재와 수련의(인턴과 레지던트) 제도가 문제가 되고 있습니다만 이것도 의사의 배금주의와 부잣집 아이가 아니면 의사가 되기 어렵다는 사실을 단적으로 나타내고 있습니다.

최근에는 다소 완화된 것처럼 보이기도 하지만 수련의에게는 저임금과 가혹한 진료 환경이 강제되기도 합니다. 이것이 의료 실수가 발생하는 원인 중의 하나이기도 합니다. 의사라는 직업을 계속 하려면 저임금을 받는 수련의를 거쳐야 하는데 그런 저임금의 젊은 의사들을 뒷받침하려면 부모의 재력이 상당하지 않으면 안 됩니다. 한마디로 부모가 경제적으로 여력이 없으면 수련의 과정을 거쳐 의사로서 자립하기란 곤란한 상황이라는 것이지요.

소아과 의사를 지망하는 의대생의 수가 감소하고 있다는 사실도 저의 이러한 생각을 뒷받침하는 증거입니다.

아이들은 원인 불명의 병에 잘 걸립니다. 그것도 한밤중에 갑자기 위급한 상태가 되어 병원으로 실려가기도 합니다. 치료할 때 마구 울면서 버둥거리기도 하고 자신의 증상을 확실하게 말하지도 못합니다. 몸이 조그마해서 치료하기도 어렵습니다.

장기 치료나 입원하는 사례도 많지 않아서 돈벌이도 안 됩니다. 게다가 최근에는 의료소송이 늘어나고 아이 수가 적다 보니 부모는 아이가 아프면 히스테리적으로 소란을 피우거나 반응합니다. 이러다 보니 소아과 의사를 지향하는 의대생이 줄어들고 있습니다. 그 때문에 소아과 의사가 부족해서 갈수록 어려운 상황이라고 합니다.

제가 사는 미국 샌타바버라에서 한 이웃인 일본인 부부가 아이를 낳았을 때의 이야기입니다. 산부인과에 갔는데, 당연히 의사는 미국인입니다.

이들 부부가 한번은 이 의사에게 "왜 의사가 되었습니까?" 하고 물었다고 합니다. 그러자 "아기가 태어나는 그 순간의 감동을 잊을 수가 없었습니다. 그때의 그 감동을 함께하고 싶어서 산부인과 의사가 되었습니다." 하고 답했다고 합니다.

미국에도 돈벌이 위주의 의사는 있을 터입니다. 그러나 대학입시 제도를 본다면 일본만큼 많다고는 생각되지 않습니다. 왜냐하면 미국에서는 의과대학에 들어가기 위해 일본만큼 울트라 퀴즈 왕이 될 필요가 없기 때문입니다.

고등학교 성적이 평균 이상이라면 의과대학 입학은 간단합니다. 그다지 공붓벌레가 아니어도 갈 수 있습니다. 부잣집 아이가 아니라도 걱정할 필요가 없습니다.

그 대신에 대학을 졸업하여 의사가 되기까지가 어렵습니다. 전공 공부를 죽을 정도로 해야 하고 어려운 시험도 몇 번이나 치러야 합니다. 이렇게 해서 대학 시절에 의사가 갖추어야 할 기초를 그야말로 철저하게 몸에 익히지 않으면 안 됩니다.

또 미국에서는 공부보다는 오히려 훌륭한 인성을 의사에게 기대하는 경우가 더 많다고 합니다. 의과대학을 지망하는 동기와 윤리관, 직업의식, 냉정한 판단력, 공평한 시각, 휴머니즘(인간애) 등등 이런 것들이 훨씬 중요합니다. 울트라 퀴즈를 잘하면 자동적으로 의사가 될 만큼 미국은 손쉬운 나라가 아닙니다. 그 정도로 의사에게 요구하는 능력이 많습니다. 미국 기준으로 시험을 치르면 일본 의대생은 대부분 낙제할지도 모릅니다.

일본은 직업 선택의 자유를 헌법으로 보장하고 있습니다. 요컨대 어떤 직업을 가질 것인지는 본인의 자유입니다. 그것이 기본적 인권으로 정해져 있습니다. 또 "직업에는 귀천이 없다."는 말도 있습니다.

직업 선택의 자유와 직업으로 차별받지 않는다는 것, 이 두 가지는 동전의 앞과 뒤처럼 하나를 이룹니다. 자유롭게 선택할 수 있기 때문에 어떤 직업이라도 존중받지 않으면 안 됩니다.

왜냐하면 어떤 특정한 직업만 무시하고 차별한다면 어느 누구도 그와 같은 직업을 갖지 않으려고 하기 때문입니다. 목수가 차별받는다면 집을 지어줄 사람이 없을 것입니다. 물론 사회에 필요 없는 직업은 그 일에 대한 수요가 없기 때문에 사업이 되지 않을 것이고 결국은 사라집니다. 다시 말해서 이 세상에 존재하는 직업 중에 쓸모없는 직업은 하나도 없습니다. 모든 직업이 어딘가에는 쓸모가 있다고 할 수 있습니다.

그런데 현재 일본에는 진정한 의미에서 직업 선택의 자유가 있을까요? 직업에는 귀천이 없다는 생각도 현재의 일본에는 아직 그저 말뿐이지 않을까요? 직업 선택의 자유도, 직업에는 귀천이 없다는 생각도 현재 일본에서는 그저 허울에 지나지 않습니다. 현실에는 귀천이 있습니다.

의사가 되고 싶은 아이가 있다고 합시다.

현재의 일본에서 의사가 되려면 울트라 퀴즈 왕이 되는 수밖에 없습니다. 울트라 퀴즈 왕이 되려면 지독한 공붓벌레가 되든지 부잣집 아이가 아니면 안 됩니다. 그 외에는 아무리 의욕이 있어도 안 됩니다.

이런 상태에서 직업 선택의 자유가 있다고 말할 수 있을까요? 정말로 직업에 귀천이 없다면 직업에 따라 수입 차이가 있을 리 없습니다. 의사도 목수도 같은 보수를 받지 않으면 안 됩니다. 물론 각각의 직업 안에서는 수준의 차이가 있습니다. 실력이 좋은 목수와 그렇지 않은 목수의 사이에 수입이 차이가 나는 것은 어쩔 수 없습니다.

직업과 인간의 가치는 무엇일까요? 간단히 수입액으로 정할 수 있는 것은 아닙니다만 수입액이 하나의 기준이 되기는 합니다. 그러나 실제로는 직업에 따라 수입은 천차만별입니다. 똑같은 일을 해도 대졸과 중졸은 임금이 다릅니다. 정규직 사원이냐 비정규직 사원이냐에 따라서도 다릅니다.

어떻게 해서 이와 같은 일이 생기는 것일까요? 간단히 말해서 직업이나 인간의 가치를 경제의 움직임이나 필요가 아닌 어떤 다른 기준으로 정하기 때문입니다. 직업의 가치나 그 사람의 실력이 아니라 좋은 대학을 나왔다, 큰 회사에 들어갔다, 의사가 되었다, 변호사가 되었다고 하는 조건이 수입액에 반영되기 때문입니다.

그런데 좋은 대학을 나오거나 대기업에 들어가는 사람은 울트라 퀴즈 왕이 될 수 있는 아이들뿐입니다. 울트라 퀴즈 왕만이 직업선택의 자유가 있고 존중받고 월급이 많은 직업을 가질 수 있습니다.

요컨대 공붓벌레라거나 부잣집 아이들 이외에는 진정한 의미의 자유가 없는 것이 지금의 일본입니다.

울트라 퀴즈 1등상 수상자 이외에는 모두 낙오자

그런데 실제로 상황은 이보다 훨씬 심각합니다.

울트라 퀴즈 왕이 된 아이들도 진정한 직업선택의 자유가 있다고는 생각하지 않습니다. 울트라 퀴즈 왕 선발대회는 완전한 피라미드형으로 순위를 결정하는 경쟁구조입니다. 일등상을 받는 사람은 오직 한 사람입니다. 문과에서는 도쿄대학 법학부의 1등(수석), 이과에서는 도쿄대학 의학부의 1등일 겁니다. 그 이외에는 모두가 패자(요즘 말로 하면 속칭 루저(loser)—옮긴이)일 뿐입니다.

지금 일본에서는 이 울트라 퀴즈대회 순위에 따라 자동적으로 번호를 매깁니다. 순위가 아래로 갈수록 직업선택의 자유는 점점 더 줄어듭니다. 간단히 말하면 진정한 의미에서 직업선택의 자유를 갖는 사람은 1등상을 받는 한 사람뿐입니다. 그 외의 사람들은 울트라 퀴즈 왕 선발대회에서 순위가 내려가면 내려갈수록 그만큼 자유, 즉 선택의 폭이 줄어듭니다.

이와 같은 시스템에서는 정말로 자신이 하고 싶은 일을 하거나 자신이 원하는 직업을 갖기란 불가능합니다. 고등학교 입학시험, 그리고 대학교 입학시험으로 올라가는 과정에서 성적순으로 자리를 정하면서 아이들 시절의 꿈이나 희망이 점점 쪼그라들어 갑니다. 대학입학시험이라는 울트라 퀴즈에 대비한 모의고사로 먼저 어느 수준의 대학에 갈 것인지를 정하고 그다음에 적당한 학과를 정하는 식입니다.

어쩔 수 없이 대학에 그 학부가 있고 어쩔 수 없이 하는 공부이기에 어쩔 수 없이 시험을 쳐 어쩔 수 없이 입학합니다. 이 모든 것이 어쩔 수 없습니다. 어릴 적에 품은 꿈과 희망은 거기엔 거의 남아 있지 않습니다. 울트라 퀴즈대회에서 정해진 자신의 순위로 모든 것을 정하는 수밖에 없습니다.

아이들의 꿈은 다양하고 많으며 또한 많으면 많을수록 좋습니다. 100명의 아이들에게는 100가지의 꿈과 희망이 있는 법입니다. 농부가 되고 싶어도 좋고 어부가 되고 싶어도 좋습니다. 목수를 꿈꾸어도 되고 의사가 되고 싶다고 생각해도 됩니다.

그런데 무엇이 되고 싶어 하는 희망과는 아무 관계 없이 대부분의 부모는 이렇게 말합니다.

"좋은 대학에 들어가면 자신이 하고 싶은 일을 할 수 있어. 하고 싶은 일을 하는 것은 대학에 들어간 다음에 생각해."

지금 일본의 틀 속에선 대학을 나오지 않으면 사회에서 존중받지 못합니다. 또 의사를 예로 들면 어떤 의사라도 의사라면 대단하다고 모두 생각합니다. 대학에 가지 않은 사람, 대학입학시험에 떨어진 사람은 현재 일본에서는 오치코보레(낙오자)라고 말합니다('오치코보레'라는 말은 한 가마니 속에 들어가지 못하고 남은 떨거지를 의미한다. 그런 이유로 낙오자, 낙제생 혹은 뒤처진 사람들을 의미한다—옮긴이).

간단히 말해서 울트라 퀴즈대회에서 1등상을 목표로 하는 것만이 절대적이고 유일한 기준입니다. 극단적으로 말하면 그 이외에는 모두 낙오자 인생이 되고 맙니다.

불황이 장기적으로 지속되고 세계화의 구조적 정착화가 진행되면서 일본에서도 연공서열이나 종신고용이라는 직업의 안정화가 점점 무너지고 있습니다. 도쿄대학을 나왔다고 하여 행복한 것도 아닙니다. 목수라고 해도 자기 손으로 할 수 있는 직업을 가지는 편이 앞으로 훨씬 더 희망이 있다고 생각하는 사람도 있습니다.

이런 의미에서 직업에 귀천이 없는 상황이 되고 있다고도 할 수 있습니다. 그러나 그것은 그저 겉으로만 그렇게 보일 따름입니다. 직업 선택의 자유가 구조조정이라는 명목으로 이름을 바꾸어 진행되고 있습니다. 그 결과 회사원들에 대한 고용이 유동화되고 종래의 종신고용이 무너지고 있습니다. 고용에 대한 수요 공급의 무게중심이 노동자에게 불리하게 작용하는 아주 어려운 시대입니다. 소득 계층의 양극화가 심각하게 진행되고 있으며 그 세습화(속칭 금수저와 흙수저—옮긴이)도 계속 진행 중입니다.

이와 같은 약육강식의 시대에 자신의 아이들이 자신감을 갖도록 키우는 일은 정말 어렵습니다. 진정한 의미에서 직업에 귀천이 없는 사회를 만들지 않으면 안 되는 이유가 바로 여기에 있습니다.

자신이 하고 싶은 일을 직업으로 선택하라

강연이나 인터뷰 등 표현할 기회가 있을 때마다 저는 "일본은 공산주의 국가다." 하고 말했습니다. 처음 한참 동안은 '일본은 사회주의다' 정도로 표현했는데 최근에는 '초공산주의 국가'라고까지 확대해서 이제는 더 이상 '공산주의' 정도로는 만족할 수 없을 지경까지 되었습니다.

이와 같은 분노의 원천을 거슬러 올라가면 역시 일본에 만연하여 이제는 도저히 손댈 수 없을 정도로 고착화한 관료주의에 기인합니다. 즉, 공산주의를 관료가 주도하는 해악이라는 단어로 바꾸어도 무방합니다.

도쿠시마의 한 중소기업에 근무하는 샐러리맨 연구원이던 저는 청색 LED를 발명한 후 관련 학회에 출석하면서 세상에 조금은 이름을 알리게 되었습니다. 우리를 둘러싼 사회의 실태를 싫든 좋든 보지 않을 수 없는 입장에 놓였습니다.

그러자 시간이 지나면서 일본의 결점과 문제점을 알게 되었습니다. 경직화한 정치와 계속되는 불경기, 팽창하는 국가 부채, 저출산율과 고령화, 산업의 공동화, 미래가 보이지 않는 의료보험제도와 연금제도, 재판이 확정되기까지 오랜 시간이 걸리는 비효율적 사법제도, 그리고 효과를 올리지 못하는 교육제도 등등.

도대체 왜 이런 문제를 개혁할 수 없는 것일까요?

그것은 일본을 관리하는 주체가 대부분 관료이기 때문입니다. 특히 중앙정부에 있는 고급 관료의 존재는 사회 시스템 개혁에 큰 장애가 되고 있습니다. 그들은 대부분이 울트라 퀴즈대회 경쟁의 승리자입니다. 입시공부만 했기 때문에 사회에 대해서는 아무것도 모르면서 '자신에게만 좋으면 다른 사람은 어떻게 되어도 아무렇지 않게 생각하는' 정신구조의 소유자입니다. 국가나 국민을 위한 의식이 있거나 공무원은 공복(公僕)이라는 위치를 이해하는 고급 관료는 거의 없습니다.

이처럼 일본이 가진 결점은 대부분 관료의 기득권과 관련이 있습니다. 오류를 시정하고 개혁을 시행하는 작업은 관료 스스로 목을 조르는 것과 진배없습니다. 퇴직 후 재취업할 수 있는 산하기관을 없앤다거나 자신이 목에 힘주고 위세부릴 수 있는 권리를 포기할 리가 없기 때문입니다.

물론 관료와 결탁한 악덕 정치가도 남모르게 한통속이지만 행정개혁이 진척되지 않는 이유는 관료의 태만에 있습니다.

제가 "일본은 공산주의 국가다." 하고 말하는 진정한 의도는 모든 일을 관료가 결정하는 시스템을 도저히 참을 수 없기 때문입니다.

예를 들면 제가 발명한 청색 LED를 광원(光源)으로 사용하면 전기 요금도 싸고 유지보수와 관리도 간단한 교통신호기를 만들 수 있습니다. 미국, 홍콩, 싱가포르 등은 이미 일본보다 먼저 교통신호기를 LED로 바꾸었습니다.

그런데 일본의 경찰당국은 '실적이 없다'거나 '단가가 높다'는 여러 이유를 붙여 좀처럼 교체하려고 하지 않습니다. 교체하지 않는 진짜 이유는 LED를 사용하는 신호기로 바꾸면 경찰 관료들의 퇴직 후 재취업 회사이기도 한 신호기 보수 관리회사가 곤란해지기 때문입니다. 이런 회사는 정기 점검을 하여 돈을 벌기 때문에 신호기를 LED로 교체하여 보수관리비가 안 들면 장사는 끝이지요.

이런 사소한 것에서도 관료라는 사람들은 자신의 기득권을 지키려고 처절할 정도로 방해합니다. 정치제도는 정치가에게 손해나는 방향으로는 절대 변하지 않습니다. 정치제도를 바꿀 수 있는 사람은 정치가 자신이기 때문입니다.

그와 똑같이 행정은 국민을 위해서가 아니라 먼저 관료 자신을 위해서 존재하는 형태가 되었습니다. 관료들은 오랜 시간을 공들여 자신에게 이익이 되는 행정 체계를 만들어왔습니다. 그것을 스스로 무너뜨릴 하등의 이유가 없습니다.

소련이 붕괴한 이유는 공산당의 관료제도가 경직화되고 부패하여 부정이 만연해 경제가 파탄 났기 때문입니다. 경제가 파탄 나자 국민이 정나미가 떨어진 것입니다.

그때까지의 소련은 공산주의 국가였습니다. 모든 것을 관료가 지배하고 비밀경찰이 반체제 인사를 탄압하여 자유로운 발언을 금지했던 것입니다.

사회주의 국가인 북한도 똑같은 상황입니다.

물론 일본에는 소련이나 북한보다는 언론 자유와 같은 기본적 인권이 있습니다. 그러나 관료주의라는 면에서 본다면 일본도 북한과 그다지 다를 바 않습니다. 제가 "일본은 공산주의 국가다." 하고 발언하는 것도 이 때문입니다.

특히 스스로 개혁할 수 없다는 것은 심각한 문제입니다. 일본에는 정치에도 행정에도 자정 능력이 전혀 없습니다. 이런 나라는 언젠가 반드시 소련처럼 붕괴합니다.

분노하라, 그러면 비로소 보인다

대학에 입학한 후 일본의 교육 문제를 철저하게 생각하면서 대학입학시험 제도가 지닌 음모라고나 할까 아니면 숨어 있는 책략을 알게 되었습니다(누군가 실제로 이러한 음모나 책략을 꾸미는 모사꾼이 있다는 의미는 아니다. 역자 후기 참조).

일본의 아이들은 어릴 때부터 오로지 대학입시라는 절대 가치가 지배하는 원형경기장에 던져져서 좋은 대학에 들어가는 것만이 최고의 목적이라는 가르침을 주입받으며 자랍니다. 그 결과 시야가 협소하여 다른 것을 보지 못하고 자신감을 상실한 목적의식도 없는 젊은이를 대량 배출했습니다.

그들은 로봇 같은 존재입니다. 대학에 들어갈 때까지 저도 그와 비슷한 존재였습니다. 일본의 입시제도는 젊은이를 일본형 사회에 적응시키는 것이 목표입니다. 오로지 '영원한 샐러리맨'을 대량으로 생산하기 위해서지요. 즉 대학시험의 진정한 목적은 평균적인 능력을 지니고 연공서열에 불만을 제기하지 않고 종신고용으로 평생을 회사에 바치는 사람을 만드는 것입니다.

그런데 대학시절에 이와 같은 음모랄까 숨어 있는 책략을 눈치 챘음에도 어느새 저도 '영원한 샐러리맨'이 되어 있었습니다.

일본의 사이비 종교단체인 옴진리교나 북한의 예를 보면 알 수 있는 것처럼 세뇌교육은 정말 무섭습니다. 자기도 모르는 사이에 어느 틈엔가 진정한 자신이나 진실한 모습이 보이지 않게 됩니다.

약 10년간 샐러리맨 연구원으로서 회사에 헌신했으나 회사에서 한직으로 밀리자 몹시 화가 나서 해고를 감수하고 청색 LED 개발에 덤벼들었습니다.

대학 시절에도 그랬습니다만 저는 언제나 미친 듯이 화가 나면 주위의 것들이 잘 보입니다. 그리하여 문제를 철저하게 생각합니다. 그 결과 진정한 자신의 모습이나 진정한 사회의 면모가 뭔지를 알게 됩니다.

반대로 말하면 저는 분노하지 않으면 주위의 것에 신경 쓰지 않고 좁고 깊게만 파고 들어가 희희낙락 명령에 복종하고 다른 사람과 잘 사귀는 유순하고 순종적인 인간입니다.

그런데 일단 화가 나면 마치 지킬 박사가 하이드 씨로 변하는 것처럼 돌변합니다. 다른 사람의 말은 듣지도 않고 다른 사람과 사귀지도 않습니다. 같은 고등학교에서 같은 대학에 입학한 동급생 친구들과도 전혀 만나지 않습니다. 청색 LED 개발을 시작한 후에는 그전까지 야구를 하거나 회식을 하면서 사귄 동료와도 어울리지 않았습니다.

이런 상태가 되면 머리가 극도로 맑아져 사회 모순이나 문제가 잘 보입니다. 1999년 연말에 회사를 그만두고 미국에 건너가려고 결심했을 때도 이와 같았습니다.

회사에서 조금 출세하여 관리직이 되었습니다. 그러나 매일같이 도장만 찍는 단조로운 생활이었습니다. '이대로 가면 멍청이가 되어버리겠다.' 하는 강렬한 위기감이 엄습했습니다. 게다가 저에 대한 회사의 야박한 대우에 정말 머리가 돌 정도로 화가 났습니다.

위기감과 분노의 감정에 떠밀리어 가족을 데리고 도미하여 전혀 모르는 새로운 생활에 뛰어들었습니다. 이미 40대 중반을 지난 시기에 그러한 결정은 일생일대의 중대한 결심입니다.

연구자에 대한 미국의 합리적인 대우

회사를 그만둔 직접적 이유는 관리직의 생활에 자신이 무너지고 있다는 위기감을 강하게 느꼈기 때문입니다. 그러나 동시에 자신이 놓인 위치나 대우에 강한 불만을 가졌기 때문이기도 합니다.

지금 일본에서는 제아무리 훌륭한 발명을 해도 기껏해야 회사에서 승진하여 좀 높은 자리로 가거나, 많아 봐야 2000만 엔(약 2억 원)

을 받는 것에 지나지 않습니다. 그 발명의 결과로 회사가 거액의 수익을 올렸어도 샐러리맨 연구원인 이상 아주 조금밖에 그에 대한 보답이 주어지지 않습니다. 이과 출신이든 문과 출신이든 일본의 샐러리맨은 대부분 이 정도의 대우에 만족할 수밖에 없습니다.

그러나 국제학회에 출석하여 전 세계에서 저와 같은 분야를 연구하는 연구원들과 이야기를 나누면서 일본의 상황이 극히 특별하다는 사실을 알게 되었습니다. 예를 들면 미국에서는 연구원이 회사와 고용계약을 체결할 때 발명에 대한 보수와 대우에 대하여 엄밀한 약정을 체결합니다. 스톡옵션은 자사주를 우선적으로 사전에 정한 가격으로 매입할 수 있는 권리를 의미하는데 고용 당시 이 스톡옵션을 받기도 합니다.

만약에 이 연구원이 획기적인 발명을 한 후에 회사의 주식이 공개되어 주식 가격이 올라가면 발명한 연구원도 그 스톡옵션을 행사하여 막대한 수입을 얻습니다. 미국에는 이렇게 해서 큰 부자가 된 사람들이 많습니다.

청색 LED를 발명한 직후, 1994년의 일입니다. 저는 어떤 국제 학회에 출석했습니다. 모두 서서 담소를 나누는 중 노스캐롤라이나대학의 한 교수가 "나카무라 씨는 엄청난 발명을 했으니 회사에서 어마어마한 금액을 보수로 받고 있지 않나요? 얼마 받는지 가르쳐주세요." 하고 묻는 것입니다.

당시 청색 LED를 제품화한 직후라 상당히 진급해서 저의 연봉은 약 1000만 엔(약 1억 원) 정도였습니다. 그렇게 답하자 그 교수는 깜

작 놀라서 과장된 몸짓을 하면서 천장을 쳐다보는 것입니다. 그리고 "겨우 그 정도 돈 받고도 가만히 있다니 나카무라 씨는 노예와 마찬가지네요." 하고 말하는 것입니다.

세계 최초의 발명을 하여 회사는 엄청난 이익을 얻었을 터인데 그 발명 당사자의 보수는 겨우 1000만 엔에 지나지 않았습니다. 그 미국 교수가 제 말을 도저히 믿지 못하는 것도 이상한 일이 아닙니다. 그 이후 이 이야기는 순식간에 퍼져서 국제적인 연구자들 사이에서 저의 별명은 '노예 나카무라'가 되었습니다.

사실 속마음으로는 '그런 말 해봐야 일본 회사의 연구원은 모두 다 그 정도야.'라고 생각하며 그다지 의문을 느끼지도 못했습니다. 그런데 한참 시간이 흐르면서 일본과 미국의 연구자에 대한 대우나 동기부여를 위한 인센티브의 차이를 똑똑히 알게 되었습니다.

예를 들면 1996년에 참석한 국제학회에서 몇 명의 미국 연구원과 이야기를 나누고 있을 때입니다. 연구원이라고 해도 그들은 교수도 아니고 유명하지도 않았습니다. 그저 보통 수준의 연구원이었습니다.

그중 한 사람이 갑자기 "마이클 조던은 연봉이 너무 적어. 불쌍하지 않아?" 하고 말했습니다. 저는 너무 놀라서 되물었습니다. 당시의 조던의 연봉은 아마 수백억 원 정도였을 겁니다.

'수백억 연봉을 받고 있는데 적다니.' 하고 머리를 갸우뚱거리자 그들은 오히려 그런 저를 보고 깜짝 놀라는 것입니다. 잘 들어보니 조던 정도는 발밑에도 못 따라갈 정도로 그들은 대부호였습니다. 그들에겐 자신이 권리를 행사하면 수천억 원이 되는 스톡옵션이 있기 때문입니다.

겨우 서른 살 정도의 평범한 연구원입니다. 소속 회사의 규모도 수백 명 정도입니다. 그렇게 젊고 평범하다고밖에 할 수 없는 연구원조차 미국에서는 그 나름으로 보수를 받고 있습니다. 일본의 연구원과 비교하면 천양지차입니다.

이와 같은 현실을 알게 되면 세계가 점점 더 넓어집니다. 이와 동시에 저의 마음속에서 투지와 재능을 말살하는 일본의 제도에 대한 분노가 싹트기 시작했습니다.

시장원리에 따라 직업의 균형이 이루어진다

'일본은 공산주의 국가다.'

이렇게 생각하기 시작한 것도 되돌아보면 딱 그 무렵입니다. 직업 선택의 자유가 있으며 직업에 귀천이 없다고 하는 새빨간 거짓말이 버젓이 통용되고 있습니다. 관료가 모든 것을 좌지우지하면서 국민이 시스템을 바꾸고 싶어 해도 방해만 하고 있습니다. 특히 관료들은 자신의 기득권을 지키려고 대학입학시험이라는 울트라 퀴즈대회에는 절대로 손대지 않습니다. 그 결과 울트라 퀴즈 왕이 아니면 될 수 없는 그런 직업만이 극도로 대우받고 있습니다.

직업에 따른 보수의 격차, 대우의 차이가 명백하게 존재합니다. 그런데 그와 같은 차이가 나는 이유가 단지 울트라 퀴즈대회에서 이겼다고 하는 사실 하나밖에 없습니다. 이런 쓸모없는 암기과목을 중시하는 대학입학시험으로 사람을 선별하는 방식을 내던지면 이 세상은 훨씬 투명하고 납득할 수 있는 세상이 되리라고 생각합니다.

어떤 직업도 그 분야에서 솜씨가 좋고 우수하다고 평가받는다면 당연히 보수가 높아야 하고 우대받아야 합니다. 사람이라면 누구나 다 돈이 좋다고 생각합니다. 그것은 누구나 공통적인 욕망입니다. 보수만을 기준으로 하여 예를 든다면 많은 돈을 벌 수 있는 직업에 많은 사람이 몰립니다. 목수가 수입이 좋으면 모두 목수가 되고 싶어 하고 어부의 수입이 좋다면 어부가 되려는 사람이 늘어납니다.

그런데 우리 사회에는 수요와 공급이 존재합니다. 즉 자본주의의 시장원리가 존재합니다. 목수가 지나치게 많으면 공급 과잉이 되는 반면 다른 직업을 선택하려는 사람이 적습니다. 어부가 지나치게 많으면 바다 위는 고깃배로 꽉 찰 겁니다.

예를 들어 세상 사람들이 의사만 되려고 하고 농업에 종사하려는 사람이 줄어들면 식량이 부족합니다. 식량이 부족하면 보통 일이 아니니까 이번에는 농업이 우대받고 수입도 증가합니다. 그렇게 되면 의사의 수가 점점 줄어들고 의사 이외의, 예를 들면 농업에 종사하고 싶어 하는 사람들이 증가합니다.

물론 인간의 행동과 욕망은 복잡합니다. 현실은 위의 말과 같이 그렇게 단순하지는 않다고 생각합니다. 그러나 모든 사람이 하고 싶은 직업을 자유롭게 선택할 수 있다는 전제에서 어떤 직업만이 특별하게 보수가 좋은 상황이 되면 자연히 위와 같은 일(즉, 그 직업에 사람이 몰리는 일)이 일어납니다.

어떤 직업에 종사하는 사람이 부족하면 시장원리에 따라 수입이 증가하고 그러면 저절로 결원이 보충됩니다. 반면에 다른 어떤 직업에 너무 많은 사람이 몰리면 수입이 줄어들어 그 직업을 희망하는 사람도 줄어듭니다. 이것을 반복하면 언젠가 자연히 수요와 공급의 균형이 맞춰져 각 직업에는 사회가 필요한 만큼의 인원만 가게 됩니다.

이와 같은 사회는 충분히 실현 가능하다고 믿고 그렇게 엉뚱한 발상은 아니라고 생각합니다.

관료가 시장원리를 통제한다

그런데 현재 일본에서는 의사나 변호사가 되려는 사람이 대단히 많습니다. 이유를 간단히 말하면 의사나 변호사가 돈을 잘 버는 직업이기 때문입니다.

동시에 일본은 대학입학시험이라는 울트라 퀴즈대회에서 승리하지 못하면 의사나 변호사가 될 수 없는 시스템입니다. 의과대학에는 정원이 있습니다. 사법시험은 거의 편집증 환자나 합격할 정도로 어려운 시험입니다.

돈을 잘 버는 직업이라는 말을 들은 울트라 퀴즈 왕들이 앞을 다투어 달려옵니다. 그렇게 되다 보니 경쟁률도 더 높아집니다. 그 결과 의사나 변호사는 울트라 퀴즈경쟁의 승자들만 와글와글하는 상황이 되었습니다.

의사나 변호사는 왜 이렇게 돈을 잘 버는 직업이 되었을까요? 어떻게 해서 이런 선별 시스템이 존재하게 되었을까요? 사실 의사나 변호사가 되고 싶은 사람은 누구나 될 수 있게끔 하면 됩니다. 그러면 이런 상황은 없어집니다.

그러나 관료들은 이렇게 이유를 늘어놓습니다.

소중한 인간의 생명과 국민의 건강을 담당하고 권리나 재산을 지키는 의사나 변호사라는 직업을 아무나 할 수 있다면 큰일이 난다고 말합니다. 의과대학이나 법과대학에서 제대로 공부해서 의사가 되는 국가고시나 사법시험에 합격하지 않으면 의사나 변호사가 되어서는 안 된다고 주장합니다. 저 역시 돌팔이 의사를 만나 죽고 싶지는 않기 때문에 의사는 의사로서의 기본적 기술이나 지식을 가지고 있기를 바랍니다. 또 실력 없는 변호사에게 의뢰하면 재판에서 지고 맙니다.

그런데 누구라도 정확하고 알기 쉽게 정보를 입수할 수 있는 정보 공개제도를 전제로 한다면 원칙적으로 엉터리 의사나 능력이 낮은 변호사에게 손님이 갈 리가 없습니다. 물품을 선택하는 것은 손님입니다. 품질이 좋으면 사고 나쁘면 사지 않습니다. 그것이 시장원리입니다.

그런데 관료들이 이와 같은 시장원리를 무시하고 의사나 변호사는 아무나 돼서는 안 된다는 기준을 설정합니다. 그들이 선택한 기준은 울트라퀴즈라는 기준입니다. 국민의 생명과 건강, 권리와 재산을 지킨다는 이유는 그저 허울에 지나지 않습니다.

제대로 된 정보를 공개하면 우리는 솜씨 좋은 의사나 우수한 변호사를 택합니다. 관료들이 그런 것까지 결정해야 할 이유는 없습니다. 관료는 그저 자신의 권한이나 지키고 기득권익 속에서 안주하고 싶을 따름입니다.

이와 같은 관료들이 시장원리를 무시하고 수요공급의 균형을 인위적으로 조작하고 있기 때문에 직업에 따라 수입의 차가 다른 것은 당연합니다. 수요보다 공급이 적은 직업은 귀중합니다. 다른 직업의 사람들이 더 많은 보수를 지불하지 않을 수 없습니다.

사회 전체에 유통하는 돈의 총액은 정해져 있기 때문에 높은 보수를 버는 사람이 있으면 다른 사람의 보수는 줄어듭니다. 의사나 변호사가 돈을 잘 버는 직업이 된 이유는 이 때문입니다.

관료가 의사나 변호사의 숫자를 정합니다. 극단적으로 말하면 그것이 우리 한 사람 한 사람의 월급에 영향을 미칩니다. 관료가 우리의 월급까지 정합니다. 이것도 역시 일본이 공산주의적이라고 제가 주장하는 이유입니다.

직업 선택의 자유가 있는 사회를 만들자

오늘날 일본에서 관료의 기득권을 박탈하려면 보통이 아닌 정말 비상한 노력이 필요합니다. 총리대신(일본은 천황제이기 때문에 장관이나 총리가 모두 대신이라고 불린다—옮긴이)이 제아무리 재정개혁을 외쳐도 전혀 진전이 없는 가장 큰 이유는 관료가 저항하기 때문입니다.

이와 같은 상황에서 노동력 고용의 시장원리나 수급균형, 인재들에 대한 수급균형을 아무리 외쳐 봐야 관료의 필사적인 저항이 뒤따를 것이 예상됩니다. 그래서 시도는 결국 실패할 것이니 헛수고라는 기분만 앞섭니다. 그러나 포기하고 있어도 별 수 없습니다. 또 그렇게 있어서도 안 됩니다.

그러면 직업선택의 자유나 보수의 평등을 실현하려면 대체 어떻게 해야 할까요?

가장 간단한 방법은 교육제도 자체를 바꿔야 합니다. 대학입학시험이라는 울트라 퀴즈대회에 따라 자신이 들어갈 수 있는 대학과 학과 그리고 자신이 할 수 있는 직업이 정해지는 체계를 폐지하면 됩니다.

대학입시 철폐론에 대해서는 나중에 다시 말하려고 합니다만 울트라 퀴즈 왕만이 독점적으로 직업선택의 자유를 얻는 상황을 먼저 바꾸어야 마땅합니다.

간단히 말해 체로 거르는 것처럼 시험 결과로 직업을 정해서는 안 됩니다(체는 예전에 쌀 등의 곡식에 섞여 있는 돌 등을 거르는 도구다. 체로 거른다는 의미는 일정한 크기만을 선별하여 나머지는 모두 버린다는 의미다—옮긴이). 면허제도나 등록제도, 국가시험은 결국 관료가 자신의 직업과 기득권을 지키기 위한 수단에 지나지 않습니다.

국민은 어떤 직업에 종사해도 좋습니다. 누구라도 자유롭게 원하는 직업을 선택하면 됩니다. 국가나 관료가 참견할 일이 아닙니다. 공정하고 정확한 정보만 있으면 서비스 제공자의 능력이나 서비스, 요금 등에 따라서 손님이 자기가 갈 곳을 정할 수 있습니다. 그렇게 되면 돌팔이 의사나 능력 없는 변호사, 솜씨 없는 목수, 음식이 맛없는 요리사 등은 자연히 도태되고 그들은 자신에게 더 어울리는 다른 직업을 찾을 겁니다.

물론 사회 전체를 보면 의사는 농업 종사자와 비교하면 그 숫자가 그렇게 많을 필요는 없습니다. 각 직업에 따라서 필요한 인원수가 정해질 것입니다. 1000명의 사람이 있으면 의사는 5명에서 10명 정도면 충분합니다. 변호사도 그 정도면 충분합니다. 그러나 공장에서 일하는 사람은 수백 명 단위로 필요합니다.

사회가 그것을 필요로 하기 때문에 의사의 보수가 공장 노동자의 보수보다 자동적으로 높아지는 것은 아닙니다. 공장 노동자도 마음만 먹으면 누구라도 의사가 될 수 있습니다. 의사의 보수가 많아지면 자연적으로 의사가 늘어나고 그 결과 공장노동자는 줄어듭니다. 그렇게 되면 공업제품을 만들지 못합니다. 그럼 이번에는 공장 노동자의 임금이 올라가면서 다시 의사보다는 공장으로 사람이 되돌아오게 되겠지요.

물론 10명의 의사가 있으면 그 속에는 인기가 있는 우수한 의사도 있고 약간 능력이 의심스러워 진찰을 받는 환자가 불안을 느끼는 의사도 있습니다. 인기가 있는 의사는 보수가 높고 돌팔이 같은 의사는 당연히 번창하지 못할 테지요. 이와 똑같이 공장에서 일하는 사람들 중에도 솜씨가 있는 숙련공은 임금이 높고 미숙한 노동자는 임금이 낮습니다.

이와 같이 시장원리가 정상적으로 작동하면 직업에 따른 격차는 없습니다(모든 직업의 임금이 같아진다는 것은 아니다. 그 직업을 수행하기 위해 기술 습득이 필요하거나 직업 자체가 고위험이거나 고난도라면 그 직업 수행에 필요한 비용을 제외할 때 같아진다는 의미로 해석해야 한다. 같은 군인이라고 하여도 공수부대처럼 위험이 매우 높다면 그 위험도에 따른 비용을 더 받아야 할 것이다. 따라서 어떤 기술을 배우는 기간이 매우 길다거나 매우 어려운 경우 이런 사정을 고려한 다음에 나머지 임금은 같아진다는 의미이지 모든 직업이 기계적으로 임금이 같아지지는 않는다—옮긴이).

최고 수준의 의사 보수와 최고 수준의 공장 노동자의 보수는 동일한 정도가 됩니다. 돌팔이 의사와 미숙련 노동자는 낮은 보수밖에 얻지 못하겠지요.

이와 같은 세상이 되면 아이들은 자신이 하고 싶은 직업을 자유로이 정할 수 있을 것입니다. 그러면 보수를 보고 장래의 일을 정하는 것이 아니라, 장차 자신이 정말로 하고 싶은 일을 그려봅니다. 그리고 그러한 미래를 위해 한번 도전하려는 마음을 지닙니다. 또 각자의 개성에 맞추어 능력을 발휘할 수 있습니다.

어떤 아이는 최고 수준의 의사를 목표로 하고 어떤 아이는 우수한 숙련공이 되려고 노력합니다. 누구라도 자신이 좋아하는 직업에 종사하게 됩니다. 어떤 특정한 직업만이 존중받는다거나 특권적인 지위를 차지하는 일은 없어집니다.

어떻습니까? 이와 같은 세상을 미래의 아이들을 위해 준비하지 않으시겠습니까?

Part 3_
미국의 교육에서 배우다

귀중한 청춘시대를 낭비하지 않는다

미국 대학에 근무하기 이전부터 저의 친구나 지인 중에는 실력 있는 우수한 연구원이 상당히 많습니다. 이들 중에는 일본인도 있고 미국인, 유럽이나 아시아, 아프리카 출신 연구원도 있습니다.

저는 국적도 인종도 언어도 다른 다양한 사람과 접촉하면서 차츰 일본인, 일본이라는 나라를 제3자의 시각에서 보게 되었습니다. 역시 나라 밖에서 자신의 나라를 보거나 다른 나라 사람과 사귀어보지 않으면 알 수 없는 것들이 많습니다.

그런 연구원 중에는 노벨상을 받을 만한 능력을 갖춘 사람도 많습니다. 저를 포함해 최근 10여 년간 일본인 노벨상 수상자가 계속 나오고 있습니다만 미국에서는 노벨상 수상자라고 해도 특별하지 않습니다. 제2차 세계대전 이후 물리학, 화학, 생리의학상의 3개 부문에만 한정한다고 해도 미국의 노벨상 수상자 수는 180명이 넘어섰기 때문입니다.

제가 근무하는 캘리포니아대학 샌타바버라 캠퍼스(UCSB)에도 노벨상 수상자가 여러 명 있습니다. 2000년 시라카와 히데키(2000년 노벨 화학상 수상자―옮긴이)와 같이 화학상을 수상한 앨런 히거 교수도 그렇고 같은 해에 물리학상을 수상한 허버트 크로머 교수도 UCSB의 연구원입니다.

히거 교수나 크로머 교수와 제가 개인적으로 아주 친한 것은 아니지만 노벨상 수상자와 같은 뛰어난 사람이 미국의 대학에서는 아주 평범하게 존재합니다.

일본인 연구원과도 잘 지내기 때문에 어느새 미국이나 다른 나라의 연구원과 일본인 연구원을 비교하기도 합니다. 일본에도 노벨상을 받을 만큼 뛰어난 수준의 우수한 연구원이 적지 않게 있습니다. 그럼에도 구미의 연구자와 비교하면 기본적인 지식이나 식견에서 큰 차이가 난다는 것을 느낍니다.

말씀드리기가 조금 조심스럽지만 제 자신을 깨우치는 의미에서 말한다면 많은 일본인 연구자들은 지식의 깊이도 깊지 않고 강한 연구 의욕도 별로 없습니다.

복권 당첨 같은 일본의 발명

이렇게 말하는 제가 바로 그 좋은 예입니다.

대학에서는 전자공학을 전공하였는데 타이타늄산바륨이라는 세라믹스 재료가 지니는 반도체로서의 전도(전기를 전달한다는 의미) 메커

니즘을 주로 연구했습니다. 대학에서 반도체 연구는 사실 조금밖에 하지 않았습니다. 대학원 과정에서는 거의 혼자서 반도체에 관한 공부를 주로 했습니다. 그러나 청색 LED는 반도체의 일종이지만 회사에 들어와서 연구개발에 종사할 때까지는 거의 흥미가 없었습니다.

따라서 청색 LED에 대해서는 보통 사람과 다름없던 제가 청색 LED를 발명할 수 있던 행운은 단지 우연이 겹친 것에 지나지 않습니다. 물론 연구개발을 한창 진행할 때에는 다른 누구에게도 지지 않을 정도로 노력한 것은 사실입니다.

그러나 청색 LED는 전 세계 최고급 연구자와 대기업에서 혈안이 되어 발명하려고 한 기술입니다. 모든 사람이 다른 사람에게 지지 않으려고 노력을 하였습니다. 그런 상황에서 제가 다른 사람보다 먼저 청색 LED를 발명한 것은 사소한 우연에 지나지 않습니다. 하다보면 뜻하지 않는 행운을 만나기도 하는 것처럼 수백 수천 명의 연구자가 연구하다 보면 언젠가는 누군가 성공하는 법이지요.

일본에서 획기적인 발명이나 발견을 한 연구자들 중에는 아무 계획도 없이 되는 대로 하거나 우연이 겹치거나 해서 성과를 거둔 경우가 많습니다. 노벨 물리학상을 수상한 에사키 레오나(일본의 물리학자로 '에사키 다이오드(터널 다이오드)'라 불리는 다량의 불순물을 첨가해 만든 다이오드가 터널효과로 음저항을 나타낸다는 사실을 발견한 공로로 1973년 노벨 물리학상을 수상함—옮긴이)가 발명한 에사키 다이오드도 당시 소니에 근무하던 쿠로세 유리코라는 여자 조수의 실패에서 태어났다고 합니다. 노벨 화학상을 수상한 다나카 고이치(일본의 화학자. '연성 레이

저 이탈기법'을 개발한 인물로 펜, 뷰트리히와 함께 생물체 속 고분자 단백질 구조를 질량분석법과 핵자기공명분광법을 통해 밝혀낸 공로로 2002년 노벨 화학상을 받았다. 회사원 수상자로 유명하다—옮긴이)도 약품을 착각했는데 그것이 대발견으로 이어졌다고 합니다.

일본의 발명자는 그저 운이 좋았을 따름입니다. 우연이 겹쳐서 순간적으로 아이디어가 떠올라 발명한 것을 저는 '복권 당첨 발명'이라고 부릅니다. 학생 때부터 줄곧 동일한 연구를 계속하여 그 발명을 목표로 해온 결과 탄생한 것이 아니라는 의미입니다.

다나카 고이치도 대학에서의 전공은 저와 같은 전자공학입니다. 그런데 노벨 화학상을 받았습니다. 평가를 받은 업적도 회사에 들어가서 파고든 연구의 성과지요. 단지 운이 좋았던 것이라 자신의 발명을 자랑스러워할 리가 없습니다. 적어도 저는 저의 발명을 '복권당첨 발명'이라고 거리낌 없이 공언합니다.

그런데 구미의 연구자들 중에는 일본처럼 마치 엊그제께 연구를 시작한 연구자는 극히 적습니다. 대부분 10대 때부터 공부를 시작해 지식과 경험을 축적하여 업적을 쌓습니다. 마땅히 받아야 할 사람이 노벨상을 수상합니다. 제 주위에는 이와 같은 연구자가 지천으로 존재합니다. 그들과 이야기를 하다보면 그 배경 지식의 깊이, 기초의 강함에 놀라지 않을 수 없습니다. 저따위는 정말 벼락치기의 지식밖에 없고, 연구에 대한 의식도 낮다는 사실을 몸서리칠 정도로 알 수 있습니다.

비록 노벨상 수상자가 몇 명 나왔다고 해도 결국은 이와 같은 기본적 힘에서 일본인은 뒤져 있습니다.

소중한 청춘을 허비하지 마라

그러면 왜 일본 연구자는 구미의 연구자와 비교할 때 수준이 낮은 걸까요?

일본의 아이들은 어릴 적부터 하고 싶은 것을 마음대로 하거나 자신의 꿈이나 희망을 쫓아 자라지 못하기 때문입니다. 일본에서는 장래 무엇이 목표이든 먼저 "좋은 대학에 가라."고 말합니다. 좋은 대학에 들어가려면 앞서 말한 '울트라 퀴즈'를 정복하지 않으면 안 됩니다.

그렇게 하지 않으면 자신의 꿈을 달성할 수 없다고 교육받기 때문에 소중한 젊은 시절을 억지로 에너지와 재능을 낭비하면서 입시공부에 매진합니다. 초등학교부터 중학교, 고등학교, 그리고 대학에 입학하기까지 아이들은 암기 위주의 울트라 퀴즈로 내몰려 쉴 새 없이 괴롭힘을 받습니다.

이런 상황에서 좋아하는 취미에 몰두하거나 꿈을 추구하는 아이는 극히 적습니다. 저도 고교시절 입시공부와 배구에 시간과 체력을 소모하여 정말로 좋아하는 이론물리는 전혀 생각하지 못했습니다. 저는 이론물리학과 수학을 정말 하고 싶었습니다. 그러나 지금은 젊을 때와 비교하여 지력이나 체력, 능력이 많이 다릅니다. 40대만 되어도 이미 이론물리학이나 수학 분야로 돌아가기에는 늦습니다. 만약 가능하다면 타임머신이라도 타고 10대로 돌아가고 싶은 심정입니다. 그러면 총명한 머리와 지력, 체력이 흘러넘치는 10대부터 정말로 하고 싶은 이론물리학의 길로 다시 나아가고 싶습니다.

지금은 저의 이런 꿈도 공상에 지나지 않습니다. 그러나 후회하고 또 후회해도 후회가 끝나지 않습니다. 저는 청춘시대를 돌려달라고 고소하고 싶습니다. 인간은 모두 청춘시대라는 귀중한 시간이 있습니다. 어떤 아이는 야구에 빠져들어 메이저리그에 서는 꿈을 실현할지도 모릅니다. 어떤 아이는 요리사의 꿈을 실현하려 프랑스나 이탈리아로 유학을 가서 일류 셰프가 될지도 모릅니다.

어떤 재능도 청춘시절에 그 기초를 닦고 경험을 쌓아야 빛나는 미래가 보이는 법입니다. 청춘시절을 허송세월하면 뻗어 올라가야 할 싹이 못 피고 빛나는 광채도 사라집니다.

지금이야말로 아이들의 청춘 시대를 소중하게 여기는 교육이 필요합니다. 아이들의 지력과 체력, 능력을 헛되게 하지 말고 그들 자신을 위해서, 사회 전체를 위해서 활용해야 합니다. 이것이 어른의 책무입니다.

그런데 대학입시라는 쓸모없는 울트라 퀴즈대회가 존재하는 탓에 이와 같은 일은 거의 불가능해졌습니다. 저의 억울함과 후회를 담아서 이렇게 외치고 싶습니다.

"소중한 청춘 시대를 허비하는 대학입시를 즉각 그리고 완전히 철폐하라!"

세뇌교육에서 아이들을 해방시키는 법

울트라 퀴즈 경쟁에 내몰린 아이들은 어른이 되어서도 자신감이 결여되어 있습니다. 최근에는 유치원부터 입시 경쟁을 시작하기 때문에 벌써 그 무렵부터 자신감을 잃어버립니다. 왜냐하면 시험은 만점부터 시작해 감점하는 시스템이기 때문입니다.

놀이를 잘 못한다, 노래를 잘 못한다, 수를 잘 세지 못한다 등등 모든 것이 그 아이가 잘할 수 없는 것을 찾는 심술궂은 시험입니다. 헐뜯기만 하는 시험입니다.

하지만 오히려 그 아이가 자신감을 가지고 잘할 수 있는 능력을 찾아주는 것이 교육이 아닐까요? 그러나 일본에서는 그것이 안 됩니다. 자신을 헐뜯기만 하기 때문에 초등학교에 들어가기 전에 이미 자신감을 상실합니다. 나아가서 상급 학교로 올라가면 어이없는 울트라 퀴즈 경쟁이 기다리고 있습니다.

제가 어렸을 때는 5단계 평가로 전 과목에서 수를 받는 아이가 칭찬받았습니다. 수학도 수, 국어도 수, 체육도 음악도 수, 그런 슈퍼맨 같은 아이는 정말 드뭅니다. 그러나 일본의 학교가 지향하는 바는 전 과목 수입니다. 부모나 선생도 전 과목 수를 받으라고 채근합니다. 요컨대 일본의 교육은 모든 것을 다 잘하는 만능선수(multi-player)를 만들기 위한 시스템입니다.

수학을 엄청나게 잘해도 국어를 못하면 못하는 아이라고 평가받습니다. 못한다는 말을 들으면 자신감이 없어집니다. 잘하는 부분에는 눈길도 주지 않고 못한다, 못한다 하면서 시시콜콜 결점만 듣고 있다 보면 제아무리 정신력이 강한 아이라도 기가 꺾이고 맙니다.

게다가 시시한 울트라 퀴즈라는 암기 중시의 대학입학시험만이 유일한 절대적 기준입니다. 비록 수학을 잘해도 울트라 퀴즈가 요구하는 능력이 없으면 인정받지 못합니다. 울트라 퀴즈 경쟁이라도 정점은 도쿄대학이기 때문에 거기에 입학하는 사람 이외는 기본적으로 모두 패배자입니다. 극단적으로 말하면 도쿄대학 법학부나 의학부 이외에는 모두가 낙오자입니다. 이런 가치관으로 키우면 울트라 퀴즈 왕 이외에는 모두가 자신감을 상실할 수밖에 없습니다.

결국 울트라 퀴즈 경쟁의 최종 목표는 좋은 대학에 들어가는 것입니다. 부모는 아이들이 좋은 대학에 입학하는 것만을 기대하고 계속 등을 떠밉니다. 설령 노력한 보람이 있어 운 좋게 도쿄대학에 입학했다고 합시다. 그러면 그 시점에서 그 아이는 더 이상 목적이 없어져 버립니다.

왜냐하면 뭔가 하고 싶은 일이나 꿈이 있어 대학에 들어간 것이 아니기 때문입니다. 원래 대학 입학은 꿈과 희망을 이루기 위한 첫걸음입니다. 오히려 이제부터가 시작입니다.

그러나 울트라 퀴즈 경쟁에서는 대학에 들어가기만 하면 이미 거기서 인생 대부분의 목적이 달성됩니다. 목적지에 도착한 후에는 일류 기업에 취직하고 결혼하여 아이를 낳고 정년까지 성실하게 근무하다 조용하게 노후를 보냅니다.

벌써 인생이 다 보입니다. 그런 인생이 즐거울까요?

대학입학만을 목적으로 울트라 퀴즈를 위해 공부해온 아이들은 대학에 들어간 순간 이제부터 무엇을 해야 좋을지 모릅니다. 이미 자신감을 잃고 있기 때문에 큰놈에게 휘감기고(강자에게 순종한다는 의미—옮긴이), 큰 나무의 그늘에서(세력 있는 사람의 휘하에 들어간다는 의미—옮긴이) 인생을 보내는 것밖에 생각하지 않습니다. 아이들은 자신감이 없고 목적도 없기에 대학에 들어가서는 적당히 놀면서 세월을 보냅니다.

왠지 대학도 학생들에게 공부하라고 말하지 않습니다. 울트라 퀴즈 경쟁에서 선별되어 비슷한 능력을 가진 평범한 학생을 차례차례로 졸업시키는 것이 일본 대학의 존재 이유이기 때문입니다.

대학에서 공부를 하지 않으니 아이들은 더욱 자신감을 잃어버립니다. 아무런 전문 지식도 없고 무엇이 되고 싶다는 목적의식도 없기 때문입니다. 그런 상태로 사회에 나와 회사에 들어가면 또 회사는 나름대로 재교육을 시킵니다. 그러면 더욱 자신감을 상실하여 영원한 샐러리맨이 됩니다. 이것이 일본 아이들의 현실입니다.

미국으로 이주한 이후부터는 텔레비전을 거의 보지 않습니다만 어릴 때는 만화영화나 드라마, 시대극에 빠지기도 했습니다. 당시 제가 빠졌던 대표적인 만화영화는 스포츠 근성을 그린 〈거인의 별〉(1966년부터 1971년까지 《소년매거진》에 연재된 야구 만화가 원작인 애니메이션—옮긴이)입니다. 그 외 드라마나 시대극은 가족애를 찬미하거나 회사에 대한 멸사봉공을 긍정하는 내용 일색입니다. 노력하면 반드시 꿈과 희망이 이루어진다든가 가족과 회사, 조직을 소중하게 생각하라는 것들입니다.

이런 텔레비전 프로그램을 전부 부정하려는 생각은 없지만 윗사람이나 조직에 대한 충성심을 일방적으로 찬양하고 미화하는 것이 아무래도 꺼림칙합니다. 예를 들면 영주와 가신의 미담을 그린 〈추신구라〉, 시대극 〈미토 코몬〉이나 〈모모타로〉도 거의 그런 내용입니다. 부부애 정도라면 그래도 참을 만하지만 가문 중시(영주에 속하는 가문이라는 의미—옮긴이)라고 하여 부하가 영주를 위하여 목숨을 내던지기도 합니다.

이와 같은 봉건적 사고는 에도 시대(도쿠가와 이에야스가 도쿄에 세운 막부 정권의 시대, 에도는 도쿄의 옛이름—옮긴이)에 만들어졌습니다. 유교의 가르침이 퍼지고 도쿠가와 막부가 자신의 정권을 오래 보전하기 위하여 무사에서부터 농민까지 유교적인 윤리관을 강제한 것입니다.

멸사봉공(滅私奉公), 장유유서(長幼有序), 윗사람에게 거역하지 마라,

큰 나무 그늘에서 쉬어라, 강한 사람 편에 서라 같은 에도 시대의 사고방식이 우리 유전자 속에 각인되었습니다.

그것이 제2차 세계대전 후에도 사장을 영주로 모시고, 또 그런 회사 조직이 소중하다는 발상이 일본인의 감성을 지배해왔습니다. 최근에는 그래도 감소했지만 사극 아닌 현대 드라마에서도 고도성장기 당시에는 샐러리맨의 안정된 생활을 동경하는 내용이 대부분이었습니다.

회사가 일치단결하여 하나가 되어 어려움과 싸웁니다. 혹은 반대로 윗사람과 충돌하여 좌천되기도 합니다. 연공서열이나 종신고용이 일반화되는 과정에서 이와 같은 드라마는 하나같이 일본형 시스템에 거역하지 않는 인생이 좋은 것이라는 사고방식을 묘사하고 있습니다.

아이들은 텔레비전을 좋아하기 때문에 자신도 모르는 사이에 이런 사고방식을 머릿속에 새기게 됩니다. 좋은 대학을 나와 대기업에 입사하면 인생은 장밋빛이라는 이런 환상을 무조건적으로 믿어버립니다. 가정에서는 텔레비전이, 그리고 학교에선 교사나 교육위원회가 아이들에게 이와 똑같은 생각을 집어넣습니다.

지금도 선명하게 기억하고 있습니다만 초등학생 당시 특별활동 시간에 본 영화가 정말 그와 똑같은 내용으로 멸사봉공하여 행복해진 아이를 묘사하였습니다. 시대 배경은 제2차 세계대전 이전입니다. 어느 가난한 집의 아이가 도시의 상점에서 견습생으로 일하고 있었습니다. 가혹한 노동과 엄격한 상하관계, 언제 어디서나 있게 마련인 괴롭힘(이지메) 등이 있어서 그 아이는 견디지 못하고 집으로 도망을 칩니다. 그러자 부모가 "그 정도도 못 견디고 돌아오는 것은 용서할 수 없다."며 돌려보냅니다.

그리고 언제나 정해져 있는 상투적 역할이지만 역시 상점의 주인이 나와서 "이를 악물고 견디면 반드시 행복하게 될 거야." 하고 훈계합니다. 그 아이는 주인이 말하는 대로 필사적으로 노력하여 상점 일을 배우고 뼈를 깎는 노력을 합니다. 그 결과 상점의 주인에게 인정을 받아 새로 자신의 가게를 열게 됩니다. 어여쁜 부인도 맞이하여 행복하게 산다는 뭐 그렇고 그런 내용입니다.

노력하면 보답을 받을지도 모른다는 사고방식 자체가 틀렸다고는 생각하지 않습니다. 문제는 그 교훈조의 내용입니다.

'귀중한 인생의 대부분을 주인이나 자신을 고용한 상대를 섬기면서 불평하지 않고 분발하면 누구라도 무조건적으로 행복해질 수 있다.'

이런 내용의 영화를 학교의 특별활동 수업에서 아이들에게 보여준다는 것이 문제입니다. 게다가 수업 시간 중에 선생님이 "분발해서 일류 대학과 대기업에 들어가면 행복해질 수 있다."고 머릿속에 박아 넣습니다. 선생님에게는 아이들의 인생은 어떻게 되어도 괜찮은 걸까요?

이와 같은 사고방식은 우리 생활의 도처에서 우리를 세뇌하고 영향을 줍니다. 일종의 잠재의식효과 같은 것이지요.

아이들의 감성은 뭐든 잘 흡수합니다. 집에서는 텔레비전, 학교에선 선생님의 말씀, 24시간 내내 똑같은 내용을 집어넣으면 어느새 정말로 그렇다고 믿어버립니다. 꿈과 희망을 지니고 살아가야 하는 아이들이 이런 사고방식에 세뇌되면 행복할 수 없습니다. 왜냐하면 회사나 조직을 위해 희생하는 인생이 행복할 리가 없기 때문입니다.

숲속이 아니라 밖에서 숲을 바라보자

텔레비전이나 학교만이 아닙니다. 회사나 조직을 위해 멸사봉공하면 행복해진다는 사고방식은 실제로는 부모가 가장 강하게 가지고 있습니다.

왜냐하면 부모 자신도 그와 똑같은 방식으로 자랐기 때문입니다. 이것은 유전자와 같습니다.

에도 시대에 새겨진 영주와 부하의 유전자가 메이지에서 다이쇼, 그리고 전전(戰前), 전후(戰後)에 걸쳐서 이어져 내려오고 있습니다(메이지 다음 천황 이름이 다이쇼다. 일본은 천황제 국가이기에 시대를 천황의 연호를 따라 시대를 구분한다—옮긴이). 순종해야 할 대상도 에도 시대에는 막부와 번(藩, 일본 발음으로는 항—옮긴이) 체제입니다(번(藩) 체제라고 하는 것은 전국을 수십 개 행정단위로 나누어 그 각각을 번이라고 하였다. 번은 지방을 다스리는 지방정부의 의미이고, 그 번을 지배하는 사람을 번주(藩主)라고 하는데 세습제. 이 번주를 다스리는 중앙정부를 막부라고 하며 막부의 최고 지도자가 쇼군(將軍)이다—옮긴이). 메이지 시대에는 천황이었고, 제2차 세계대전 후에는 회사나 사회가 되었습니다.

새는 알에서 부화했을 때 처음으로 움직이는 사물을 보면 그 대상을 자신의 어미라고 믿는다고 합니다. 각인효과라는 행동입니다만, 새뿐만 아니라 모든 동물에게 부모는 정말 중요한 존재입니다(새끼가 처음 본 동물을 자신의 어미로 생각하는 인식을 머릿속에 박아 넣었다는 의미에서 각인효과라고 부른다. 조류에서 나타나는 행동인데 그처럼 부모의 영향이 아이들의 머릿속에 박아 넣어진다는 의미에서 중요하다는 것이다―옮긴이).

인간도 부모의 사고방식이나 인생관, 살아가는 방식을 보면서 자랍니다. 당연한 말이지만 아이에게 가장 큰 영향을 미치는 존재가 부모입니다. 그렇기 때문에 부모가 강자에게 순종하라든가 "이왕 달라붙으려면 권력자 밑에 달라붙어라." 하고 말하면 아이도 똑같은 생각을 하는 것은 어쩔 수 없습니다.

독자 여러분에게 물어보고 싶습니다. 여러분은 텔레비전의 사극을 보고 감동해서 울어본 적이 있습니까? 그런 적이 있다면 그렇게 감동하여 눈물을 흘린 이유는 뭔가요? 다른 사람을 위해서 자신을 희생하는 정신에 감동하여 눈물을 흘렸나요? 아니면 피나는 노력이 보답을 받았기에 눈물을 흘렸나요?

여러 이유가 있을 것입니다. 인간은 그저 감동하지는 않습니다. 어딘가에 심금을 울리는 부분이 있을 터입니다. 텔레비전 드라마나 영화는 이런 인간의 감정을 자극하려고 만듭니다. 일본인이 어디서 감동하는지 알고 있는 것이지요.

요컨대 만드는 쪽과 보는 쪽이 서로 암묵적으로 양해하여 감동을 공유하는 것입니다. 감정의 항아리(눈물샘)를 능숙하게 눌러주면 명작이 되고, 감동이 밀려오는 대작이 되는 법입니다.

단순한 오락이라면 그래도 큰 해는 끼치지 않습니다. 그러나 그것이 인간의 행동을 조작하고 사고방식을 세뇌하여 결과적으로 인간을 불행하게 하면 곤란한 일입니다.

인간의 행복이 무엇으로 생성되는지 깊이 생각하기 바랍니다. 부모로서 아이를 어떻게 키우고 싶은지 깊이 고민하기 바랍니다. 멸사봉공하여 사생활을 회사에 바치는 희생정신으로 꽉 차 있지만 정작 자신의 능력을 발휘하지도 못하고 일생을 마칩니다. 당신은 자신의 아이가 그런 인생을 보내도 좋다고 생각하는지요?

저는 일본의 '영주와 부하'의 발상이 아이들을 불행에 빠뜨린다고 생각합니다(이런 식의 이항 대립적 구조는 헤겔의 유명한 '주인과 노예의 변증법'이란 구조에서 시작된 대립구조다—옮긴이). 왜냐하면 새로운 발상이 떠오르지 않고 상명하달식이 되어 자유가 없기 때문입니다. 우물 안 개구리처럼 상대적인 관점도 기르지 못하고 재능 있는 사람이 인정도 받지 못하기 때문입니다.

세뇌교육은 인간에게 독선적인 사고방식을 심어놓습니다. 자신만이 정의라고 굳게 믿고 그 외의 가치나 사고방식을 인정하지 않습니다. 북한이 좋은 예입니다. 지도자를 정점으로 한 사회주의 국가야말로 세계에서 가장 뛰어난 국가라고 굳게 믿고 있습니다.

일본인에게도 같은 말을 할 수 있습니다. 일본 속에 있으면 좀처럼 일본의 실상을 알 수가 없습니다. 해외로 나가 관점을 바꾸지 않으면 알 수 없는 것이 너무 많습니다.

단기간이라도 좋으니 아이들을 해외로 보내보세요. 수 주 이상 해외에서 생활하는 체험을 꼭 추천합니다. 그렇게 하면 제가 느끼는 것을 조금이라도 동감할 수 있을 것입니다.

교육에는 복귀 시스템이 필요하다

저의 막내딸은 시코쿠의 고등학교에 다니다 제가 미국으로 이주하면서 미국 고등학교로 전학했습니다. 미국은 고교까지 의무교육입니다.

미국의 교육제도에 대하여 이야기하다 보면 일본과 많은 차이가 나서 깜짝깜짝 놀랄 때가 많습니다. 예를 들면 아이들 개개인에 맞춘 선택과목제도입니다.

일본은 수학을 잘하는 아이든, 음악을 잘하는 아이든 전원이 졸업할 때까지 일정한 수준의 수업을 듣고 일정한 학력에 달해야 졸업할 수 있는 시스템입니다. 그런데 미국은 각 교과의 난이도가 여러 수준으로 나뉘어 있어서 잘하고 못하고에 따라서 각자가 자유롭게 수준에 맞는 교과를 선택할 수 있습니다.

예를 들어 수학을 잘 못하는 아이는 저학년 학생들과 함께 쉬운 수업을 듣고 단위를 취득합니다. 반대로 수학 수준이 높은 아이는 상급생의 수업에 들어가기도 하고 중학교에서 이미 단위를 딴 과목은 고등학교에선 그 과목의 취득이 면제되기도 합니다. 또 고교에서 초급 불어의 단위를 취득하면 그 단위는 대학에서도 살아 있어 대학에서 초급불어는 수강하지 않아도 됩니다.

간단히 말하면 초·중·고교, 나아가서는 대학까지 체계적인 교육을 행하고 있습니다. 일본에서는 중학교에서 일본 역사를 배우고 똑같은 내용을 고교의 일본사 수업에서도 배웁니다. 그리고 대학의 일반교양에서 또다시 동양사를 듣습니다. 미국에는 그런 불합리한 시스템이 없습니다.

애초 미국 학교에는 일본과 같은 학급 편성은 존재하지 않습니다. 아이들은 자신이 잘하고 못하는 것에 맞추어 스스로 커리큘럼을 짜고 학년에 관계없이 학교 전체에서 수업을 받습니다.

이와 같은 시스템에서는 아이들이 좋아하는 과목을 마음껏 할 수 있고 그다지 좋아하지 않거나 잘하지 못하는 과목은 간단히 끝마칠 수 있습니다. 정말로 합리적입니다.

고교까지가 의무교육이지만 도중에 그만두는 학생이 많은 것도 미국의 특징입니다. 그러나 고교 중퇴라고 해도 이상한 눈으로 바라보는 일은 별로 없습니다. 대학입시도 일본보다 훨씬 간단해서 고교 중퇴 후 조금만 공부하면 바로 대학에 갈 수도 있습니다. 대학은 사회인에게도 문호를 아주 넓게 개방하기 때문에 고교 중퇴나 대학을 중퇴한 이도 본인이 하고 싶은 마음만 있으면 복학할 수 있습니다(예를 들면 미국의 주립대학은 사회인 교육이나 평생교육과정과 유사한 경우도 많아 과에 따라서는 거의 교수가 없기도 하다. 그냥 다니면서 자신이 좋아하는 과목을 이수하면 된다고 한다. 그러니 입학이나 졸업이 상대적으로 아주 수월하다. 물론 우수한 주립대학도 많다—옮긴이).

일본에서는 고교를 중퇴하면 고교 입학시험부터 다시 시작하거나 고졸 검정고시에 합격하지 않으면 대학입시를 볼 수 없습니다. 그 대학입시도 울트라 퀴즈이기 때문에 쉽게 합격할 수는 없습니다.

일본에서는 어떤 사정으로 대학을 중퇴했다면 제가 말한 그 울트라 퀴즈를 다시 통과하지 않으면 안 됩니다. 한번 중퇴하면 복귀(리커버리)가 대단히 어려운 것이 일본의 교육시스템입니다.

논리적이고 합리적인 미국의 교육 시스템

이제 미국은 합리적이고 논리적인 데 비하여 일본의 교육은 얼마나 비합리적이고 비논리적인지 알았을 겁니다. 일본은 모든 것을 관료가 정하기 때문에 이런 문제가 발생합니다. 관료에게는 합리성이나 윤리성보다도 자신의 권위와 기득권 유지가 가장 중요합니다.

아이들의 과목 선택도 자유롭게 내버려두지 않습니다. 이래도 공복(公僕, 국민에게 봉사하는 사람—옮긴이)이라고 할 수 있을까요?

일본의 교육은 문부과학성의 고시출신 관료를 정점으로 한 피라미드 구조입니다. 내각이 바뀔 때마다 교체되는 문부과학대신(한국의 장관—옮긴이) 같은 사람은 아무런 권한도 없습니다. 관료의 인사에는 민의가 반영되지 않습니다. 간단히 말해 국민의 민의가 행정에 반영되지 않습니다.

관료가 좌지우지하기 때문에 지방자치단체의 교육위원회, 학교, 교장, 교사, 모두 똑같습니다. 위에서 아래까지 모두가 관료와 공무원에게 지배당하고 있습니다.

반면 미국은 기본적인 재량권을 각 자치단체와 학교가 가지고 있습니다. 얼굴도 모르는 정부 관료가 아이들 공부하는 방식에까지 머리를 들이미는 일은 거의 없습니다. 이것이야말로 학문의 자유입니다.

고교를 중퇴한 학생이 복학을 희망하면 각 학교에 배치된 상담교사가 그 학생의 사정이나 개성에 맞추어 상담에 나섭니다. 상담교사는 자치단체와 부모에게서 독립한 상태에서 진정으로 아이를 위해서만 존재합니다.

학력에 맞추어 복학할 학교를 조언하고, 그 학교에 추천장을 써주기도 하며, 뒤처진 공부를 만회하는 방법도 지도합니다. 일본에서는 담임선생님은 물론 부모까지도 대부분 이 정도까지 나서서 아이의 일을 생각하지 않습니다.

미국에서는 무슨 문제가 생기면 모두가 의논하여 합리적인 해결 방법을 찾습니다. 극히 일상적으로 접하는 주변의 교육 현장에서부터 민주적인 사고방식이나 이치에 맞는 미국식 방법이 살아 있습니다. 그러나 일본에서는 무엇을 하려고 해도 관료가 간섭합니다. 교육 현장의 실태도 모르는 관료가 대체 무엇을 안다는 것일까요? 머릿속으로만 생각한 정책을 예외 없이 일률적으로 전국에 강제하려고 합니다. 거기서 조금이라도 벗어나면 시끄럽게 잔소리를 합니다. 그야말로 일본은 관료가 위세부리는 나라입니다.

아이들 개개인이 다 다르듯이 학교마다 사정이 다르고 각 자치단체도 각양각색입니다. 나라(奈良) 시대의 율령제 국가도 아닌데 정책을 위에서 일방적으로 밀어붙인다는 것은 정말 말이 안 되는 일입니다(서기 7세기 말부터 9세기경까지 일본의 수도가 나라에 있었다. 그래서 이 시대를 나라 시대라고 하는데 이 시기에 백제의 유민이나 통일신라를 통하기도 하고 직접 중국에서 법률 등을 받아들여 반포했다. 이 시기에 국가를 통치하는 제도가 정비되었기에 율령제 국가라고 한다―옮긴이).

일본 관료의 머릿속은 아직 천년도 더 이전의 옛날에 머무르고 있는 것과 진배없습니다.

어른이라면 미래에 대한 비전을 말하자

최근 일본에는 비정규직 노동자가 급증하고 있습니다. 고등학교나 대학을 졸업해도 정규직으로 취업하지 못하고 아르바이트나 계약제 사원으로 일하는 사람이 많습니다.

물론 그중에는 프로 서퍼(surfer)나 배우가 되려는 확실한 목적을 이루기 위해 프리터(자유직 아르바이트)와 같은 생활방식을 택하는 젊은 사람도 있습니다. 그러나 대부분은 무엇을 해야 좋을지 모른 채 당장 자유롭게 지내고 싶다는 이유에서 그런다고 생각합니다.

일본의 젊은이는 대학을 나와도 전문 지식이나 기술이 없습니다. 디플레이션 불황과 산업의 공동화 때문에 사회도 그들 젊은이의 힘을 필요로 하지 않게 되었습니다. 게다가 부모가 아직 일하고 있기 때문에 아이들은 아무 일도 안 하고 그저 빈둥빈둥 놀고 지내도 우선은 잘 곳이 있고 굶지도 않고 지낼 수 있습니다. 그럭저럭 살아갈 수는 있는 상황입니다.

안 되는 것도 없지만 되는 것도 없습니다. 이것이 지금 일본 젊은 이의 모습입니다. 아이들은 미래에 대한 구체적인 꿈도 없고 비전도 그려볼 수 없습니다. 사회에 대해서는 희망도 갖지 못하고 장래를 기대할 수도 없습니다. 일본의 고도성장기는 아주 오래전에 끝났습니다. 경제는 오랫동안 불황상태에 놓여 있습니다.

이러한 사회에서 어떤 지도자라도 장밋빛 미래를 제시하기는 어렵습니다. 당면한 문제를 한마디로 설명한다면 일본인이 미래에 대한 희망을 잃어버렸다는 사실 바로 그것입니다. 아무리 멋있는 말을 해도 지금 이대로는 일본에 희망이 보이지 않는다는 점은 누가 보아도 분명합니다.

일본과 일본을 둘러싼 상황은 계속 크게 변하고 있습니다. 그런데 교육 시스템만이 구태의연한 고도성장기의 가치 기준에 맞춘 상태 그대로입니다. 관료가 손도 대지 않고 내버려둔 채로 왔기 때문입니다.

우리는 우리 아이들에게 어렴풋하게라도 좋으니 일본이 마땅히 그래야 할 미래의 모습을 보여주어야 합니다. 임시방편의 대책을 그때그때 적당히 둘러대 봐야 아무런 해결책도 되지 않습니다. 인프라 (사회의 기초가 되는 제도나 시설을 의미) 정비는 지금 당장 해야 합니다. 아이들 세대에 빚으로 남기지 않고 확실하게 기초를 다져놓아야 합니다.

교육개혁, 교육 인프라 정비가 그 첫걸음입니다.

왜냐하면 지금 여기서 행해지는 개혁이 효과를 거두는 때는 20년 후, 30년 후입니다. 그때의 일본이 대체 어떻게 되어 있을까 하는 미래를 지금의 어른이 어느 정도 세워놓지 않으면 미래의 아이들은 우리를 태만하다고 비난할 것입니다.

우선 기본적으로 고도성장기에 만들어 그대로 방치한 교육을 바꾸어 갑시다. 반세기 후의 일본을 제대로 예상합시다. 교육을 관료의 손에서 되찾아 국민의 손으로 돌려놓아야 합니다. 이와 같은 활동을 꼭 가속화해야 합니다.

20년 후, 30년 후의 일본 인구는 1억 이하가 되고 더욱더 줄어들 겁니다. 그때가 되면 국민은 무엇을 해서 먹고 살 수 있을까요? 어떤 생활을 하고 무엇을 생각하면서 인생을 보내고 있을까요?

지금 프리터처럼 살아가는 삶을 선택한 아이들은 자신이 40대, 50대가 되었을 때의 일본을 머릿속에 그릴 수 있는 상상력이 결여되어 있습니다. 왜냐하면 그와 같은 현실을 구체적으로 분명하게 발언하는 어른이 지금 일본에는 한 사람도 없기 때문입니다.

그렇기 때문에 꿈과 희망을 품지 못하고 그저 멍하니 인생을 보내고 있습니다. 지금 일본의 어른에게 필요한 것, 그것은 자신의 확고한 의견을 자신의 목소리로 발언하는 것입니다. 그리고 그와 같이 책임지는 태도가 가장 효과적인 교육이라고 저는 생각합니다.

한 번 실수하더라도 다시 만회할 수 있는 기회를 주지 않는 그와 같은 사회 속에서 인생을 보낸다면 저출산, 고령화가 착착 진행되는 상황에서는 사회적으로도 엄청난 손실이 됩니다.

사람이 자신의 인생을 새로 고쳐 시작할 수 있는 사회, 그래서 실수해도 복귀할 수 있는 사회, 한 사람이 몇 사람분의 인생을 살 수 있는 사회, 이리저리 방황하면서도 인생의 목적을 발견해내는 삶의 방식을 긍정하는 사고…… 이제 일본에는 이와 같은 사고방식이 필요합니다.

낙오를 두려워하지 마라

저는 제 자신을 낙오자라고 생각합니다. 낙오자는 일반적이라고 생각하는 인생에서 크게 벗어나 사회적 주류(메인스트림)에서 일탈한 사람을 말합니다. 조금 멋을 부려 이야기하면 길을 벗어난 무법자(outlaw)를 낙오한 인간이라고 합니다(일본에서 무법자는 보통의 상식을 벗어난 파격적인 삶을 사는 사람을 의미한다. 하텐코우(破天荒)라는 말도 사용하는데 통속적 삶의 방식에서 상당히 벗어난 사람을 말한다―옮긴이).

제가 인생의 무법자가 된 것은 대학원 석사 과정을 공부할 때입니다. 대학 3학년 때 사귀던 여자 친구와 '속도위반 결혼'을 하면서 저의 인생이 크게 변한 것입니다. 당시에는 인생의 낙오자 같은 기분이 든 것도 사실입니다.

대학 동기들은 대부분 NEC나 현재의 NTT(한국의 전기통신공사와 유사한 회사―옮긴이) 같은 일류 대기업에 취직하여 대도시의 중앙연구소에서 최첨단 연구에 척척 참가하고 있었습니다. 도쿠시마의 조그만 회사에 들어간 저는 그들로부터 완전히 뒤처졌습니다.

그러나 인생은 한두 번 실패해보지 않으면 본래의 모습이 보이지 않는 법입니다.

지금까지 말한 것과 같이 일본의 교육은 영원한 샐러리맨을 만드는 세뇌 시스템입니다. 어지간해서는 이 같은 세뇌교육에서 벗어날 수 없습니다.

북한 사람을 보면 알 수 있는 것처럼 세뇌당한 내용은 웬만해서는 극복할 수 없습니다. 해외에 나가 큰 충격을 받는다거나 기아로 생사의 경계를 헤매지 않으면 자신이 놓여 있는 진짜 상황은 보이지 않습니다.

이와 같이 북한 주민을 세뇌하는 주체가 조선 노동당 엘리트 관료들입니다. 공산주의 사상과 주체사상 등을 어릴 때부터 머릿속에 마구 주입하고 세뇌시킵니다. 그리고 김일성대학 같은 엘리트 양성기관에 진학시켜 당 간부를 만듭니다. 당 간부가 되면 이번에는 반대로 자신이 다시 다른 사람들을 세뇌시킵니다.

이것은 일본의 문부과학성에 근무하는 관료들도 마찬가지입니다. 어릴 때부터 울트라 퀴즈 경쟁에 대비하여 철저하게 주입식으로 교육받고 도쿄대학만을 향하여 오로지 공부만 해서 중앙 관청의 관료가 됩니다. 관료가 되어서는 일본의 아이들을 자신과 똑같이 세뇌시키려고 노력합니다. 북한도 일본도 결국은 똑같은 세뇌교육을 하고, 받고 있는 것입니다.

북한 사람들이 세뇌당하지 않으려면 어떻게 해야 할까요? 한국이나 일본, 미국의 진짜 모습을 알게 하고, 해외로 나가서 충격을 받고, 넓은 세계를 바라보면 어쩌면 눈을 뜰지도 모르겠습니다.

일본도 세뇌교육에서 해방되려면 충격요법이 필요합니다. 지금 생각하면 저에게 충격요법은 이른바 '속도위반 결혼'이었습니다. 그 때문에 대기업의 샐러리맨 연구원이 될 수 없었던 것은 아주 행운입니다. 아내와의 결혼생활과 딸의 출생이 저에게 무법자 인생을 걷도록 한 것입니다. 아내와 딸에게 감사해마지 않습니다.

적극적으로 낙오자가 돼라

일본에서는 울트라 경쟁에 따라가지 못하는 아이들을 '오치코보레(낙오자)'라고 부릅니다. 그런데 중졸이나 고교를 중퇴한 이른바 낙오자들 중에는 젊어서 벤처기업을 시작하여 성공하거나 외식 체인점의 사장이 되거나 게임디자이너로 크게 성공하여 부자가 된 사람이 많습니다.

예전에 폭주족이던 사람이나 불량소년, 미등교 학생이나 은둔형 외톨이 등 이런 사람들이 사회적으로 낙오자이고 무법자입니다. 벤처기업가의 약 반 정도가 이와 같은 무법자라고 합니다.

이런 사람들을 보고 있으면 학교를 그만두기는 했지만 결국에는 자신이 하고 싶은 것을 마음껏 하고 있습니다. 학교라는 틀에서 벗어나는 것, 그것이 바로 충격요법이 되어 이 세상과 자신을 보다 더 잘 보게 되었지도 모릅니다.

그 결과 정말로 자신이 하고 싶은 일이나 좋아하는 일에 온 힘을 다해 빠져들 수 있었던 것입니다. 사람은 정말로 하고 싶은 일이나 좋아하는 대상을 손에 넣기 위해서라면 모든 노력을 아끼지 않는 법입니다. 자신만의 분명한 목표를 세우고 그 목표를 향하여 공부하고 노력한다면 성공을 손에 넣는 일은 그렇게 어렵지 않습니다. 문제는 목표를 찾지 못하고 자신이 하고 싶은 일이나 좋아하는 일을 알지 못하는 상황입니다.

지금 여러분 중에서 그야말로 영원한 샐러리맨으로 살고 있는 분은 이 말을 잘 이해하실 겁니다. 학창시절에는 낙오자였지만 자기 손으로 직접 일하는 직업을 가지거나 독립해서 마음껏 인생을 즐기는 동급생들이 반드시 있습니다. 자기 자신과 비교해 그들을 부럽게 여긴 독자도 적지 않을 것이라고 생각합니다.

아무 의미도 없는 초난관 울트라 퀴즈 경쟁만을 대비하여 특화한 아이들만 성공한다는 생각은 잘못입니다. 가령 그런 경쟁에서 승리하여 도쿄대학에 들어갔다고 해도 결국은 영원한 샐러리맨의 일생이 자신을 기다리는 것에 지나지 않습니다.

일본의 아이들이 전부 영원한 샐러리맨이 되면 일본에서 성공하는 사람은 아예 없어질 겁니다. 낙제생 아이가 성공을 손에 넣을 수 있다는 사실은 일본이 아직은 건전한 사회라는 증거입니다.

반대로 말하면 영원한 샐러리맨이 아니라 부자가 되고 성공하고 싶다면 오히려 적극적으로 낙오해야 합니다. 낙오자가 될 정도의 각오가 아니면 성공할 수 없기 때문입니다.

튀지 않으면 성공할 수 없다

지금의 교육은 전체를 옆으로 줄 세워 평균적인 사람을 만드는 것이 목적입니다. 즉 낙오자는 그러한 목적에서 벗어난 아이입니다. 옆으로 줄서기에서 튀어 나오지 않고 다른 사람과 동일한 능력을 가지는 것이 가치 기준이던 시대도 분명히 있었습니다.

그러나 현재 일본이 놓여 있는 엄중한 상황 속에서 그렇게 한다면 전원이 낙오자가 됩니다. 옆으로 줄서기는 성공할 때도 실패할 때도 함께한다는 뜻입니다. 이른바 일련탁생(一蓮托生, 이 말은 불교 용어로 죽은 뒤에도 함께 극락에서 같은 연꽃 위에 왕생한다는 의미인데, 여기서는 어떤 일의 선악이나 그 결과에 대한 예견에 관계없이 끝까지 행동과 운명을 함께한다는 의미로 시쳇말로 하면 같이 죽고 같이 산다는 의미—옮긴이)이라고 하는 겁니다.

확실히 사람들과 다른 행동을 하려면 용기가 필요합니다. 운이 나쁘면 모두가 성공하는데 자기 혼자만 실패할지도 모릅니다. 그런데 곰곰이 생각하면 옆으로 줄서기처럼 '모두가 함께'라는 상황이 과연 현실에 있을 수 있을까요? 그런 건 없습니다.

학교에서는 울트라 퀴즈 경쟁을 시키고 회사에 들어가면 출세 경쟁입니다. 모두 다른 사람보다 머리 하나라도 더 내밀려고 필사적입니다. 옆집이 차를 바꾸면 우리 집은 조금 급이 더 높은 차를 살까 하고 생각하지요.

인간의 집단에서 옆으로 줄서기와 같은 것은 있을 수 없습니다. 모두 제각각 개성이 있으며 잘하는 것과 못하는 것도 사람마다 다릅니다. 암기 중시의 시험을 보면 성적이 좋은 사람도 그림을 그리게 하면 꼴찌일 수도 있습니다.

엔트로피 증대의 법칙에서 보면 그것이 정상입니다. 획일적이고 평균적으로 하려고 하면 그런 상태에서는 에너지가 불안정해집니다. 에너지가 불안정해지면 반드시 문제가 발생합니다.

학교가 제멋대로 정하는 기준에서 낙오하더라도 부끄러워할 필요는 없습니다. 왜냐하면 울트라 퀴즈 경쟁에서 공붓벌레가 옆으로 줄서기에서 조금이라도 머리를 더 내밀려고 하는 것과 똑같은 일이기 때문입니다.

사회적으로 성공하거나 부자가 되려면 옆으로 줄서기 속에 머물러 있어서는 안 됩니다. 사람들과는 다른 일을 하지 않으면 안 됩니다. 자신이 잘하는 분야를 살리고, 자신이 좋아하는 일을 열심히 하면서 멋있게 살아야 합니다.

그런 일이 울트라 퀴즈여야 할 필요는 없습니다. 울트라 퀴즈 경쟁은 착실한 관료나 성실한 샐러리맨을 만드는 데에는 적당할지도 모르겠습니다. 그러나 이 세상에는 정말로 다양한 직업이 있습니다. 낙오한 아이들은 울트라 퀴즈 경쟁에서 밀려나온 아이들입니다. 그래서 착실한 관료나 성실한 샐러리맨이 되지는 못할지도 모릅니다. 그러나 대신 그것 아닌 다른 무한한 가능성을 지니고 있다고 말할 수 있습니다.

영원한 샐러리맨을 목표로 삼을 것인가

저의 고등학교 동창생 중에 슈퍼맨 같은 녀석이 있었습니다. 성적은 학년 전체, 다섯 학급이었으니 약 200명 중에서 수석을 3년간 지켰습니다. 운동도 잘하고 무엇을 시켜도 잘했습니다.

저는 배구부에서 연습하느라 녹초가 되었습니다. 모처럼 그 녀석이 생각나서 밤샘을 하며 공부했지만 도저히 따라갈 수가 없었습니다. 얼핏 보면 그는 공부하지 않는 것처럼 보였습니다. 여유만만해 보여서 꼴도 보기 싫을 정도였습니다.

그 친구는 바로 도쿄대학 이학부에 합격하고 졸업해서는 일류 대기업에 입사했습니다. 그러나 거기까지였습니다. 결국 그의 도착점은 영원한 샐러리맨이었습니다. 뭐든 해내던 선망의 슈퍼맨도 일본에선 궁극적으로 영원한 샐러리맨이 될 수밖에 없습니다.

도쿄대학을 나온 엘리트사원으로 일류 기업에 들어가 거기서 출세해도 잘해야 부장이나 이사이고 사장이 되는 사람은 슈퍼맨 중에서도 정말 드뭅니다. 울트라 퀴즈경쟁을 돌파하여 일직선으로 도쿄대학을 간다고 해도 일본에서는 고작 그 정도입니다. 이사나 사장이라도 영원한 샐러리맨이라는 사실은 변함없는 사실입니다.

자신의 아이를 꼭 영원한 샐러리맨을 시키고 싶다면 이야기는 달라집니다. 학원에 보내고 가정교사를 붙이고 울트라 퀴즈 경쟁에서 이길 수 있는 공부만 시키면 됩니다. 분발하면 그럭저럭 일류 사립대는 보낼 수 있을지도 모릅니다.

저의 관점에서는 제 아이가 불량 학생이거나 미등교 학생과 같은 낙제생이라면 오히려 그편이 더 가능성이 있다고 생각합니다. 적어도 영원한 샐러리맨이 되는 일은 없습니다.

부모나 선생이 훌륭하게 지도하여 그 아이가 잘하는 분야를 키워주고, 하고 싶어 하는 일, 좋아하는 일을 마음껏 하게 해준다면 어쩌면 크게 성공하여 보람된 삶을 살 수도 있습니다.

영원한 샐러리맨으로 큰 꿈 없이 살아가는 것과 자신이 좋아하는 일을 하여 성공을 거두고 충실한 인생을 보내는 것. 아이들에게 어느 쪽이 좋을까요?

부모라면 평범하고 안정된 생활을 했으면 좋겠다고 생각할지도 모릅니다. 동시에 경쟁사회를 뚫고 나가 승리하기를 바라기도 합니다. 그 양극단에서 흔들리는 것이 부모의 마음이겠지요.

아이는 정직한 생명체입니다. 자신은 '울트라 퀴즈대회'가 정말 싫고 도저히 잘할 수 없다고 여기면 무언가 신호를 보내오는 법입니다. 이를테면 등교를 거부하는 학생이 되든지 불량 학생이 되거나 말입니다. 그런 아이를 억지로 울트라 퀴즈 왕이 되라고 해도 소용없습니다. 주저하지 말고 아이에게 울트라 퀴즈 왕은 포기하고 좀 더 다른 인생을 택하도록 제안해야 합니다.

여러분의 아이는 낙제생입니까? 만약 그렇다면 그건 잘된 일입니다. 그것은 행운일 수도 있습니다.

교육에 가장 필요한 것은 정보공개

정보공개나 설명책임 같은 말을 자주 듣습니다. 정보를 공개하거나 설명을 제대로 하는 것은 기업이나 행정관청처럼 서비스나 정보를 제공하는 쪽의 당연한 의무입니다. 고객이나 주민처럼 서비스를 받는 쪽의 의식이 높아졌음을 나타내기도 하지만 인터넷 같은 네트워크가 보급되어 누구라도 즉시 정보를 입수할 수 있게 된 것도 크게 영향을 미쳤습니다.

저는 미국으로 이주한 직후 미국에서 재판을 받았습니다. 그전에 근무하던 니치아 화학공업이 트레이드 시크릿법(기업비밀유지법) 위반으로 저를 미국 연방지법에 제소했기 때문입니다.

미국 재판은 배심원제도입니다. 일반 사람들 중에서 널리 공모하여 선출된 배심원들의 심증이 판결에 큰 영향을 미칩니다. 그래서 피고와 원고 양쪽의 변호사는 배심원의 생각을 자신들 편으로 돌리기 위해 실력을 발휘합니다. 자세한 질문을 하고 사소한 모순점을 파고듭니다. 애매하게 말하거나 자신 없는 태도를 취하면 그 틈을 놓치지 않고 상대를 신용할 수 없는 거짓말쟁이라고 몰아붙입니다.

상대방의 요청이 있으면 온갖 물증을 다 제출해야만 합니다. 그것은 개인용 컴퓨터의 하드디스크부터 메일의 송수신 기록, 메모와 일기, 전화의 교신기록, 신용카드 내역, 은행계좌의 잔액에 이르기까지 정말 온갖 것을 망라합니다.

부정하게 은닉하거나 증거를 인멸하면 배심원이 유죄라고 판단하는 상황으로 직결됩니다. 그래서 절대적으로 거짓말을 하지 않겠다고 천지신명에게 맹세하는 진지한 태도가 아주 중요합니다. 상대방 변호사가 예리한 질문을 해오면 그 질문을 피하지 않고 정면으로 마주하여 당당하고 확실하게 답하지 않으면 안 됩니다. 이와 같은 상호 대응이 비디오로 기록되어 배심원은 그것을 보고 판단합니다.

다행히 재판에서 저의 주장이 인정되어 무죄판결이 나왔습니다. 이러한 체험 과정에서 정보공개와 설명책임의 중요성이나 정보에 대한 미국인의 의식에 대하여 많은 것을 배웠습니다.

미국인은 거짓말을 용납하지 않습니다. 대통령이나 경영자라도 마찬가지입니다. 특히 성서에 손을 얹고 선서한 발언은 신빙성 있는 발언으로 간주하여 그것을 어기면 사회적으로 매장되는 것과 마찬가지 취급을 받습니다.

한편 일본에서는 거짓말은 마음껏 해도 되고, 정보공개나 설명책임 같은 것은 거의 무시됩니다. 일본에도 위증을 하면 처벌받는 위증죄가 있지만 재판원제도(일종의 배심원 제도와 비슷한 것으로 한국의 국민참여재판제도와 유사—옮긴이)가 시작되기 전까지 이 위증죄가 적용된

적은 거의 없습니다. 또 의료분쟁 소송에서도 카르테(진료기록서) 등의 정보를 의사나 병원이 쥐고 있기 때문에 의료과실이 있었는지 아닌지를 피해를 본 환자 측이 증명해야만 합니다. 이것에 대해서 요즈음 비판이 있습니다.

현대 사회에서 정보는 가장 귀중한 재산입니다. 국민의 공유재산인 정보가 있으면 행정부는 그것을 제출하고 공개할 의무가 있습니다. 그러나 일본의 관료는 자신에게 불리한 정보는 물론, 그다지 큰 가치도 없는 정보마저도 내놓기 꺼려하여 공개하지 않습니다. 대단치 않은 정보도 사뭇 대단한 것처럼 숨기고 있으면 뭐가 쓰여 있는지 알 수가 없습니다. 별것 아닌 정보라도 찔끔찔끔 내놓으면 가치를 가집니다. 그렇게 하면 자신의 권위가 높아지기 때문입니다. 동서고금의 권력자라는 사람들은 이와 똑같은 수법을 사용하여 국민을 속여 왔습니다.

정보공개가 진전되고 설명책임을 물으면 사소한 정보부터 중요한 내용까지 대부분이 관료의 손에서 떠나게 됩니다. 그렇게 되면 그들은 말 그대로 '벌거벗은 임금님'이었다는 맨 얼굴이 드러납니다.

자신들이 벌거벗었다는 사실은 절대로 비밀로 해야 합니다. 무리해서라도 되찾아오지 않으면 관료들은 자신이 가진 정보를 내놓지 않습니다. 정보라는 국민의 재산을 소수의 관료가 마음대로 하고 있습니다. 이것이 일본의 현실입니다.

물론 정보공개와 설명책임은 교육에서도 필요합니다.

어디에서 누구에게 어떤 교육을 행하는가? 누가 어떤 교과서로 무엇을 가르치는가? 문제가 생기면 어디에 이의를 제기하고 그것에 대한 답변은 누가 어떤 형태로 하는가?

의무와 권리는 동전의 양면과 같습니다. 국민은 교육을 받을 권리뿐만 아니라 교육에 대하여 알 권리도 있습니다. 의무교육은 공적인 권리이기 때문에 우리가 내는 세금으로 운영됩니다. 사립학교도 국가에서 사학보조금을 받고 있고 사립학교법 등으로 보호받기 때문에 우리 국민과 완전히 분리될 수 없습니다.

그런데 지금의 일본에서는 교육에 대한 국민의 알 권리를 국민이 충분히 행사하고 있다고 생각할 수 없습니다. 일본의 학교교육법에는 초·중·고교 교과서와 관련한 교과서검정제도가 있습니다. 이 제도는 문부과학대신이 민간회사인 출판사가 만든 출판물을 심사해 합격해야만 교과서로 인정합니다.

그런데 사실 이런 제도는 일본 이외에는 그다지 일반적이지 않습니다. 물론 미국에는 검정제도 자체가 존재하지 않습니다. 유럽에서는 독일과 노르웨이 정도만 있습니다. 아시아에서도 초등교육에 한정해서 보면 중국과 인도네시아밖에는 없습니다. 이런 점에서도 일본은 매우 특수한 국가입니다.

여하튼 문부과학대신(교육부장관)이 하나하나 각각의 도서를 심사할 리도 없습니다. 그런 능력조차 있는지 의심스럽습니다. 결국 문부과학성의 관료가 정합니다. 그런데 어떤 기준으로 교과서의 합격 여부를 결정하는지 그 명확한 논거는 밝히지 않습니다.

예를 들면 합격 기준에 대하여 문부과학성은 '학습지도요령에 제시된 사항을 빠짐없이 다루고 불필요한 조건은 다루지 않을 것'이라고 한다든가, '그 학년의 아동과 학생의 심신의 발달정도에 적합할 것'이라는 너무나 당연한 기준밖에는 정하지 않고 있습니다.

게다가 '정치나 종교에 대한 서술은 공정할 것'이라든가, '충분히 고려하지 않고 한쪽으로 치우친 견해를 서술하고 있는 부분이 없을 것', '오류나 부정확한 것, 상호 모순되는 것이 없을 것'이라는 전혀 기준이라고도 할 수 없는 내용 외에는 따로 기준이 없습니다.

물론 교과서 내용은 상세하게 정할 수 없습니다. 이과(과학 과목)나 사회과는 새로운 발견이 나타나면 내용을 바꾸어야 하고 국어나 영어는 다룰 내용이 너무 넓어서 정하기가 어려울 겁니다.

따라서 교과서의 명확한 채용기준을 밝히라고 말해도, 기준이 없으니 그걸 보일 수가 없습니다. 그것을 정말 귀중한 것처럼 끌어안고서 마치 있는 것처럼 꾸며 관료의 기득권을 지키려고 합니다. 이것은 정보공개나 설명책임 이전의 문제입니다.

처음부터 교과서를 검정하는 일 따위는 불가능합니다. 그 불가능을 억지로 하려는 것에는 이유가 있습니다. 애매모호한 기준밖에 없다는 것은 대부분을 관료의 재량에 맡긴다는 의미입니다.

결국 관료 마음대로 교과서의 내용에 간섭하려는 제도입니다. 이와 같은 일을 하는 나라는 전 세계에서 몇 나라밖에 없습니다.

교육받는 쪽과 교육하는 쪽의 의사표시

또 미국의 예를 들어서 대단히 미안합니다만 막내딸이 미국 학교으로 전학했을 당시 교육환경이 일본과는 너무나도 달랐습니다. 그런데 일본에는 그와 같은 내용이 그다지 알려지지 않았다고 생각하기에 말씀드리는 것입니다. 이해해주시기 바랍니다.

미국의 의무교육은 고교까지 일관성 있게 연결되어 있다고 이미 말했지만 지역사회와 강하게 결합되어 있는 것도 하나의 특징입니다. 예를 들면 부모가 주최하고 교사가 후원하는 파티를 엽니다. 파티에는 그 지역의 일반 주민도 참가하여 다양한 발언도 하고 교사와 장래를 위한 제안이나 조언 등을 소통합니다.

또 문화제나 바자, 졸업식 같은 행사에서도 지역 주민의 역할이 적지 않습니다. 학교 주변의 주민은 아이들을 도와 먹거리 축제를 열기도 합니다.

일본에도 예전에는 훈수꾼 비슷한 노인들이 있었지만 도시에는 이미 이런 지역사회가 붕괴되고 말았습니다. 자신의 아이들이 그 학교에 다닐 적에는 모르지만 학령기를 지나면 집 근처에 있는 초·중학교에는 가보지도 않고 관심도 없는 것이 지금의 현실입니다.

미국은 지역 사회의 주민과 학교의 관계가 아주 밀접합니다. 학교에는 어떤 선생님이 있으며 어떤 교육을 하는지 분명하게 알 수 있습니다. 또 학년이 시작하면 과목별 주임교사가 학부형 앞에서 1년 간의 포부를 이야기합니다. "자신은 이러이러한 방침으로 아이들을 가르치고 싶다. 동시에 이메일 주소나 연락처도 알려주어 만약에 의문이나 문제가 있으면 연락을 달라."고 이야기합니다. 교사로서 일종의 소신표명인데 바로 이런 것이 설명책임이겠지요.

소중한 아이를 가르치는 교사가 대체 어떤 생각을 하는지 모른다면 불안할 것입니다. 소통을 중시하는 미국이기에 가능한 일이지만 이와 같은 일을 일본이라고 해서 못할 리 없습니다.

어떤 일이든 납득이 갈 때까지 밀어붙이는 것이 미국식입니다.

저는 대학에서 미국인 학생 몇 명을 조수로 삼아 연구개발을 하고 있습니다만 그들에게 지시할 때 왜 그것을 해야 하는지, 왜 필요한지, 납득할 때까지 설명하지 않으면 안 됩니다. 일본에서는 무조건 지시하면 아무 말 없이 시키는 대로 하지만 미국에서는 그런 식의 일처리는 통하지 않습니다.

일본은 문무과학성 같은 상급기관에서 지역의 초등학교에 이르기까지 모든 것이 블랙홀 속에 있습니다. 어둠 속에서 결정되는 것이 너무 많습니다. 국민은 모기장 밖에 있어 정보를 얻을 수가 없습니다. 그야말로 몇 차례 나들이 가는 듯한 수업참관을 실시하는 것으로 적당히 넘어갑니다.

물론 이와 같은 차이는 일본과 미국의 교육제도가 너무나 많이 다르기 때문입니다. 일본에도 소신을 표명하고 싶은 교사가 있겠지만 결국 지도요령에 얽매여 자유롭게 발언할 수 없습니다.

그러나 처리방식을 조금 궁리하면 이와 같은 일을 실현할 수 있다고 봅니다. 예를 들면 소신표명에서는 세세한 수업내용까지 언급하지 않아도 됩니다. 즉, 어떤 교사인지 인간성이라도 이해할 수 있으면 부모는 크게 안심할 수 있습니다. 교사가 무엇을 생각하고 아이들에게 어떤 교육을 하고 싶어 하는지 부모는 그것을 알고 싶어 합니다.

　　그 열의가 전해지면 최종적으로는 지역사회를 움직이는 굉장히 큰 힘이 될 겁니다.

혼란스러운 교육현장에서 벗어나기

지금 일본에는 정치가나 국민, 관료 등 자신의 판단이나 행동에 자신 없는 사람들이 많습니다. 그 결과 많은 사람이 아무것도 하지 않습니다. 차라리 아무것도 하지 않고 있다면 그나마 다행입니다. 이상한 일을 시작하여 모두를 곤란하게 만듭니다.

근래 10여 년간 문부과학성은 계속 '신학습요령'을 발표했습니다. 발표 후 개정하여, 또다시 새로 발표하는 짓을 반복합니다. 많은 국민이 문제를 제기하니까 관료들도 겉보기만이라도 뭔가 하지 않으면 안 되겠다고 생각한 게지요. 덧붙여 말하면 관료를 포함한 대부분의 국민이 현재의 교육제도에 큰 결함과 뒤틀림이 있다는 사실을 알아차린 것입니다.

막연한 불안과 의문, 그리고 분명히 지적할 수 있는 문제점까지 교육에서 있을 수 있는 모든 의견이 일본 전역에서 회오리처럼 일어나고 있습니다. 그런데 대학입시라는 울트라 퀴즈경쟁에 따른 가치기준은 도저히 없앨 수가 없습니다. 왜냐하면 이것을 대신할 새로운 가치기준을 찾지 못했기 때문입니다.

더구나 정치가나 관료 등 일본 지도자들은 대부분 자신들이 울트라 퀴즈 왕이었기 때문에 다른 가치기준을 찾으려고 하지 않습니다. 교육개혁이 언제나 구호만으로 끝나는 이유도 그 때문입니다.

실제 아이를 키우는 부모나 교육 현장에 있는 교사들은 울트라 퀴즈경쟁이 문제라는 사실을 훨씬 오래전부터 알고 있습니다. 그러나 사회 자체가 여전히 울트라 퀴즈경쟁 중심의 가치기준에 따라 움직이기 때문에 별 도리 없이 따르고 있는 것입니다.

이처럼 지금 일본 부모들은 이상과 현실의 좁은 틈새에서 흔들리고 있습니다. 울트라 퀴즈경쟁에서 살아남아 도쿄대학에 들어가도 지금 세상에서는 행복해진다고 단정할 수도 없습니다. 말은 또 그렇게 하지만 진정한 실력만으로 헤쳐 나갈 수 있는 힘을 얻는 그런 방법을 알지도 못합니다. 자칫 잘못하면 사회에서 낙오할지도 모릅니다. 그래서 속마음으로는 도쿄대학에 들어가 학력사회에서 도쿄대학 졸업이라는 견장을 붙이고 그와 동시에 벤처기업을 세워 많은 돈을 벌 수 있는 실력도 쌓고 싶어 합니다. 일거양득의 이익을 얻겠다는 욕심쟁이 심보지요.

그러나 세상살이는 그렇게 원하는 대로만 되지는 않습니다. 두 마리 토끼를 쫓다가 한 마리도 잡지 못한다는 말이 있는 것처럼 말입니다.

첫째, 부모가 아무리 그렇게 생각하더라도 압박감을 받는 아이들이 불쌍합니다.

대학입학시험을 목표로 하는 교육도 변함없이 번성하고 있고 저출산에 따른 수험생 수가 감소하여 원하는 사람은 모두 대학에 갈 수 있는, 즉 모든 학생의 대학생화 시대라고들 하지만, 구제대(1945년 이전의 제국대학으로, 여기에는 도쿄대학, 교토대학, 오사카대학, 큐슈대학 등이 포함—옮긴이)나 게이오대학 같은 명문 대학은 더욱 입학하기 어렵습니다. 한편 여유 교육에 대한 비판이 있어 교육방침은 유토리교육(유토리는 우리말로 하면 여유로 해석할 수 있다. 유토리교육은 2000년경부터 약 10년 정도 시행한 교육방침으로 학교 교육을 수업 중심에서 해방하여 수업 일변도가 아닌 학생의 자유나 자율 활동을 중시하고 여유 있는 교육과정을 운영한다는 교육방식을 의미한다—옮긴이) 이전 상태로 복귀하는 등 교육현장이 혼란스러운 상태입니다.

그로 인한 악영향이 아이들에게 미쳐 기초 지식도 배우지 못하고 있습니다. 이런 것을 즐기는 사람은 유명 학원의 경영자뿐입니다. 이처럼 혼란스러운 교육현장에서 우왕좌왕하는 교사도 희생자입니다. 문부과학성이나 학교장으로부터 지도방식을 제한당하고 과제 작성이나 학교 행사, 부모와의 면담 등으로 교사들은 피폐해지고 있습니다.

반면 관료들은 아무런 피해도 받지 않습니다. 그들이야 기분 좋지요. 하지만 아이와 교사는 압박감을 느끼고 스트레스를 떠안고 있어 제대로 일을 할 수가 없습니다. 이와 같이 현재 일본의 학교는 정말 혼란스럽습니다.

자신의 인생을 자신이 정하는 것이 왜 어려운가

인생에 대한 가치관은 사람마다 다릅니다.

울트라 퀴즈 왕이 좋다면 말리지 않습니다. 예, 그렇게 하십시오. 공붓벌레처럼 공부하여 일직선으로 도쿄대학을 향하여 가면 됩니다.

벤처 기업을 세우거나 독립하여 사업을 해도 좋습니다. 그런 일을 할 수 있는 인간성이나 기술, 지식 등이 없으면 그 밖의 자신이 하고 싶은 일, 좋아하는 일을 끝까지 추구하면 됩니다.

자신만의 인생입니다.

사회나 학교, 정치가나 관료, 극단적으로 말하면 부모의 간섭도 필요없습니다. 그것이 자신의 인생입니다. 단순한 것이라고 생각하지 않으세요?

그러나 국가주도·행정주도형의 교육제도는 결과적으로 보면 그 사람의 인생까지 좌우할 힘이 있습니다. 이것은 가치관의 일방적인 강요지만 현실은 그렇게 되어 있습니다.

일본은 경제적으로는 자본주의이고 정치적으로는 민주주의의 사고방식으로 성립하는 국가입니다. 국민주권인 이상 국민이 행정의 방향을 결정할 권리가 있습니다. 동시에 기업과 같은 경제 산업계에 필요한 인재도 중요합니다.

그때그때의 경제 상황은 우리 생활과 인생 설계에 큰 영향을 줍니다.

예로 들면 철강이나 조선 같은 중화학 산업으로부터 전자나 반도체, 서비스 등의 지식집약형 산업으로 산업구조가 변하고 있습니다.

이전 같으면 제철회사를 목표로 하던 학생들이 모두 가전메이커(전자제품을 생산하는 회사)나 유통회사 등으로 취직을 희망합니다. 반세기 전에는 인기 직종이던 섬유산업 분야에는 지금 희망자가 거의 없습니다.

일본 전체가 거품경기로 들끓을 당시에는 속칭 삼류 대학 출신에 성적이 조금 나빠도 일류 기업에 취직할 수 있었습니다. 그런데 장기불황 상태에서는 도쿄대학을 나와도 괜찮은 곳에 취직할 수 없습니다.

기업과 사회가 원하는 인재는 그때그때의 경기 동향이나 산업구조에 따라 변화합니다. 채용기준도 애매하고 확실하지 않습니다. 어떨 때는 전문가, 즉 스페셜리스트를 찾다가, 시대가 변하면 다방면으로 유능한 제너럴리스트가 좋다고 합니다.

민주주의는 국민의 총의를 국정에 반영하는 것이지만 동시에 자본주의적 사고방식도 행정을 움직입니다. 때때로 경제계의 요청으로 행정의 방향이 변하기도 하는 것입니다.

고도성장기에 사회가 원하던 인재는 이미 과거의 이야기가 되었습니다. 시대는 변화하여 저출산과 고령화가 진전되고, 중국을 비롯한 경쟁국가는 힘을 키우고 있습니다. 산업계는 이러한 상황에 맞추어 활용할 수 있는 인재를 육성하라고 정치와 행정에 요구하고 있습니다.

'자신의 인생은 자신이 정한다.'

이런 간단하고 단순한 명제가 좀체 잘 안 됩니다. 그것은 부모나 정치가, 교육계, 경제 산업계를 포함하여 다양한 요인이나 생각이 교육제도에 복잡한 영향을 미치기 때문입니다.

근본적인 해결방법은 대학입시 폐지

알기 쉽고 단순한 것인데 복잡한 이유 때문에 안 되는 게 일본 교육의 근본적인 문제점입니다.

언젠가 저는 강연을 부탁받아 교육현장에서 아이들을 가르치는 선생님들과 이야기를 나눈 적이 있습니다. 그때 제가 "선생님들, 교육의 목적은 뭘까요?" 하고 질문을 했습니다. 그때 돌아온 답은 마치 정해진 것처럼 모두 "아이들의 개성을 신장시키는 것입니다."였습니다.

그러나 현실에서는 이와 같은 교육을 할 수 없습니다. 아니, 하고 싶지만 할 수 없습니다. 교사가 아이들 각자가 좋아하는 것, 하고 싶은 것을 마음껏 하도록 시키고 싶어도 실제 수업에서는 불가능합니다. 그런 일을 하면 그 순간에 교장이나 교육청에서 "마음대로 하지 말고 학습지도요령에 따라서 수업을 진행하십시오." 하는 질책을 받습니다. 더불어 부모들이 "우리 애는 도쿄대학에 보내고 싶어요. 입학시험에 필요한 수업을 하지 않으면 전학하겠습니다." 하고 항의해 옵니다.

대부분의 고등학교가 유명 대학 합격률로 경쟁하기 때문에 입시지도를 경시하는 선생은 그만두어야 합니다.

요컨대 아이들의 개성 신장이 교육의 목적이라는 것은 그저 이상론에 지나지 않습니다. 일부 부모나 교사가 그렇게 하려고 생각해도 관료나 그 밖의 어른들을 포함한 사회 전체가 반대합니다. 이상이 현실에 가로막혀 좀처럼 실행할 수가 없습니다. 옛날부터 존재하는 보편적인 문제입니다.

이와 같은 문제는 현실적으로 단번에 해결하기가 어렵습니다. 서서히 조금씩 현실이 이상을 향해 다가가는 것이 일반적입니다.

전국의 학교 중에는 중·고교 일관 교육으로 먼저 고교입시를 없애고 대학입시에도 여유를 가지고 임하는 교육을 실천하는 학교가 늘고 있다고 합니다. 또 직업 지식이나 기술을 중시하고 대학입시에 대비한 교육을 하지 않는 것을 방침으로 하는 학교도 나오고 있습니다.

그러나 아직 대부분의 학교에는 울트라 퀴즈 경쟁을 위한 교육이 뿌리 깊게 남아 있습니다. 아이의 개성을 신장하는 교육을 실천하려는 학교도 있습니다. 하지만 한편으론 진학 경쟁에서 패배하여 학력의 지반이 침체하던 예전의 공립 명문학교들 중에서 도립 히비야고교(도쿄에 있던 대표적인 입시 명문 공립고교로 예전의 한국의 경기고등학교와 비슷한 학교—옮긴이)와 같이 대학입시 중시로 다시 방향을 전환하여 '부활'하는 학교도 있습니다.

일반적으로는 공립학교들이 울트라 퀴즈경쟁에서 많이 탈락하는 가운데 유명 대학을 목표로 공부하는 종래의 가치관은 주로 사립학교들이 계속 유지하고 있습니다.

울트라 퀴즈 경쟁이 없어지지 않는 가운데 자녀교육에 열심히 돈을 투자하는 집의 아이와 그렇지 않은 집의 아이로 교육 양극화가 진행되고 있습니다. 이런 경우 현실이 이상에 접근하는 것처럼 보이는 것은 환상에 지나지 않습니다. 왜냐하면 근본적인 문제는 아무것도 해결되지 않기 때문입니다.

이와 같은 상황이 이어지면 그 끝은 뻔합니다. 몇몇 울트라 퀴즈의 승자만이 노인 천지의 노쇠한 일본을 지배하고 그렇지 않은 아이들의 일부는 해외로 나가거나 벤처기업으로 당당하게 살아남겠지만 그 밖의 국민은 꿈도 희망도 없이 인생을 마치는 광경을 보게 될 겁니다.

이대로 가면 20년 후, 30년 후의 일본은 반드시 이렇게 됩니다. 물론 독자 여러분은 자신의 아이가 꿈도 희망도 없는 인간으로 일생을 마치게끔 하고 싶지는 않으시겠지요.

그렇다면 자녀를 울트라 퀴즈대회의 승자로 만들기 위해 입시 공부에 매진하도록 할 것입니까? 아니면 스스로 살아나갈 수 있는 당당함을 몸에 지닐 수 있도록 기르실 겁니까?

울트라 퀴즈 왕은 환경 변화에 따라가지 못합니다. 암기만 잘할 뿐 응용력이 없는 사람입니다. 무법자(아웃로)가 되는 것도 고위험·고수익으로 조금 위험할지도 모르지요.

역시 근본적인 해결방법은 대학입시를 없애야 합니다. 조금씩 현실을 이상에 접근시키는 방법도 분명히 존재하지만 교육문제는 근본부터 해결하지 않으면 안 됩니다. 아무리 이상을 외치고 일부에서 이상적인 교육을 행해도 대학입시라는 울트라 퀴즈제도가 없어지지 않는 한 상황은 결코 변하지 않습니다.

대학입학시험 제도를 철폐하라

저는 지금까지 기회가 있을 때마다 대학입학시험 제도의 철폐를 외쳤습니다. 이 주장은 상당히 유명해져서 이제 저의 교육론이라고 하면 바로 대학입시 철폐라고 할 정도입니다.

돌이켜보면 저는 대학 다닐 때 일본이 당면한 문제 중 상당 부분이 대학입시라는 울트라 퀴즈경쟁에서 기인한다고 생각했습니다. 대학원을 마치고 응시한 교세라 입사시험에서도 그랬습니다. 당시 이나모리 가즈오 교세라 사장은 면접에서 "현재 일본의 가장 큰 문제는 무어라고 생각합니까?" 하는 질문을 했습니다. 저는 그 자리에서 "대학입시입니다. 암기 중심의 대학입시가 일본 최대의 문제입니다." 하고 답했을 정도입니다.

이 책을 여기까지 읽은 독자라면 저의 논거가 어디에 있는지 잘 아실 것입니다. 다시 한 번 간단히 설명하면 넓고 얕게 암기과목 중심으로 경쟁하는 대학입학시험이 아이들의 꿈과 희망을 빼앗아 왔다는 것이 문제입니다.

어릴 적부터 '무조건 좋은 대학을 나와 대기업에 입사하여 샐러리맨이 되면 행복하게 된다'는 헛된 믿음에 빠져 아이들은 대학입시라는 울트라 퀴즈경쟁의 콜로세움에 내던져집니다. 언제부터인가 아이들에게는 대학 합격만이 유일한 가치기준이 되어 그것 외의 꿈과 희망은 포기합니다.

대학입학시험은 대부분 '넓고 얕게'의 암기과목입니다. 그렇기 때문에 잘하는 과목이나 좋아하는 과목의 향상보다 빠짐없이 평균적으로 잘해야 합니다.

결국 한 학급에 40명이라면 대부분 평균점의 수재가 됩니다. 뭔가 특기가 있다거나 잘하는 것이 있어도 부모나 선생님은 무시해버립니다.

대학입시는 암기과목 중시, 지식 편중의 시험으로 그것도 단 한 번에 결정됩니다. 곰곰이 생각해서 해결하거나 지혜를 짜내고 새로운 방법을 경험에서 유도하는 능력을 요구하지 않습니다. 드물게는 울트라 퀴즈 왕이나 공붓벌레 수재가 나오기도 하지만 목표는 오로지 대학입시라 자신이 정말로 하고 싶은 목표는 없습니다. 모처럼 능력이 있는 그들도 좋은 대학에 들어가는 목적을 달성했기 때문에 대학에서는 성실하게 공부하지도 않고 그대로 대기업에 들어가 영원한 샐러리맨이 되어버립니다.

초·중·고등학교에선 울트라 퀴즈만 공부하고 대학에서는 공부하지 않기 때문에 사회에 나와도 자신이 없습니다. 자신이 없기 때문에 한층 더 '이왕 기댈 바엔 강자에게'(원문은 '의지할 바엔 큰 나무 그늘 밑에서'이다—옮긴이) 하는 말처럼 대기업의 샐러리맨이나 안정된 관료가 되고 싶어 합니다.

일본 사회의 지도자는 울트라 퀴즈 왕의 공붓벌레 수재뿐입니다. 그들은 기득권을 지키려고 대학입시에는 손을 대려고 하지도 않습니다. 이렇게 해서 악순환이 계속됩니다.

대학입학시험이 기준이 되는 교육제도에서는 수재는 많이 나와도 뭔가에 걸출한 천재는 나오지 않습니다. 오히려 일본에서는 걸출한 천재를 꺼리는 경향이 있습니다. 조직에서는 사이좋게 지내는 게 무엇보다 소중하다고 합니다. 그런데 천재는 조직의 조화를 어지럽히기 때문에 일본에서는 유해한 존재입니다.

고도성장기에는 저렴하면서 고성능·고품질의 제품을 대량으로 만드는 것이 목적입니다. 이러한 산업구조에서는 평균적인 능력의 수재가 많이 필요했을 겁니다.

그러나 앞으로 일본은 종래와 같은 제품생산 의존형으로는 절대 꾸려나갈 수 없습니다.

실제로 대학입시를 철폐하면 어떻게 될까

대학입시 철폐라는 말을 들으면 어떤 인상을 받을 것 같습니까?

그건 사람마다 다 다를 거라고 생각합니다만 대체로 그에 대한 반응은 그와 같은 일이 가능할 리 없다는 것입니다. 가능할까 아닐까를 여기서 논의하는 건 아무런 소용이 없습니다.

그러나 대학입시를 없애면 어떻게 될까 하는 상상을 잠깐 해보기만 해도 의외로 효과가 크다는 것을 알 수 있습니다. 나아가 이와 같은 생각을 하다보면 일본의 교육이나 사회의 본질도 잘 보이지 않을까 합니다.

본론에 들어가기 전에 여기서 말하는 대학은 도대체 어떤 존재인지, 그에 대한 정의를 분명하게 해두고 싶습니다.

제가 생각하는 대학은 일반교양을 몸에 갖추기 위한 장소는 결코 아닙니다. 의학이라면 의학을, 물리라면 물리학을, 법률이라면 법학을, 각각의 전문적인 깊은 지식을 얻기 위한 시설, 그것이 제가 생각하는 대학입니다. 각각의 전문성이나 추구하는 학문의 방향은 다르지만 지금의 전문학교(일본의 전문학교는 한국의 전문대학과 유사—옮긴이)를 연상하면 딱 적당합니다.

그건 그렇고 대학입시 철폐에 대하여 제 나름대로 여러 가지를 생각했습니다. 대학에 입학한 이래 줄곧 생각한 내용입니다. 어떤 식으로 실행할까, 또 실제로 대학입시를 폐지하면 어떤 일이 일어나는지에 대해서도 분명히 답할 수 있습니다. 방법은 다음과 같습니다.

먼저 국공립대학의 입학시험을 무조건 폐지합니다. 국공립대학이 먼저 입시를 철폐하면 극히 일부의 예외를 빼고 사립대학도 결국은 따라갈 겁니다. 왜냐하면 무시험으로 들어갈 수 있는 대학이 있기 때문에 비싼 입학금이나 수업료를 내고 사립대학에 들어갈 이유가 없기 때문입니다. 알맹이 없는 사립대학 중에는 망하는 대학도 아마 나오게 되겠지요.

입학시험이 없기 때문에 물론 전원 합격입니다. 도쿄대학 의학부도, 히토츠바시대학 법학부도, 교토대학 공학부도 가고 싶은 마음만 있으면 누구라도 들어갈 수 있습니다.

여태까지의 가치관이 남아 있는 동안에는 당연히 도쿄대학 의학부나 법학부, 교토대학과 같은 명문 대학에는 젊은 사람이 쇄도하겠지요. 어쩌면 도쿄대학 의학부는 수천수만 명이 입학할 겁니다.

그런데 이렇게 많은 학생의 출결을 확인하는 일은 불가능합니다. 따라서 강의를 듣고 싶은 학생들 중에서 교실에 들어갈 수 있는 정원이 100명이라면 100명으로 마감합니다. 어떻게 해서라도 수강하고 싶은 학생들은 며칠 전부터 그 앞에서 먹고 자면서 기다리면 됩니다. 교실에 들어가지 못한 학생은 수강할 수 없다는 규정은 입학 신청할 때 약속을 받아둡니다. 학생들이 불만을 제기하지는 못할 겁니다.

그리고 정기적으로 매우 전문적인 시험을 실시하여 학생들을 선별합니다. 강의를 들었다, 듣지 않았다와 관계없이 희망자는 전원 시험을 치를 자격을 부여합니다.

그러나 일류 학자나 최첨단 연구자라고 해도 어지간해서는 풀기 어려운 문제를 출제합니다. 그러면 시험을 치를 때마다 수강생 수는 자꾸자꾸 줄어들겠지요.

초난문 문제뿐이라 전문의 예비교(일본에서는 특히 전문적인 대학입시 준비학원을 예비교라고 부름―옮긴이)와 같은 것이 아무리 많아도 효과는 없습니다. 설령 예비교가 생긴다고 해도 거기서 성실하게 의학 공부를 하면 그것도 좋습니다. 대학에서 수업을 듣는 것과 크게 다르지 않을 겁니다.

이와 같이 의학을 정말로 공부하려는 의욕이 있고 엄청나게 노력할 정도로 의학을 좋아하는 학생만이 시험을 통과하여 졸업합니다. 졸업하면 당당하게 의사의 길로 나아가는 것입니다. 즉 일반교양처럼 넓고 얕은 암기 중심의 울트라 퀴즈가 아니라 정말로 의학을 깊게 배우고 싶은 사람을 대상으로 전문적인 시험을 치릅니다. 의사가 되고 싶은 모든 아이들에게 기회가 열려 있습니다. 울트라 퀴즈만으로 선별하는 일은 없습니다.

그리고 지금부터가 중요합니다. 현재 일본의 교육 시스템은 의사가 되고 싶은 사람이든 원자물리학을 공부하고 싶은 사람이든 다 같이 똑같은 울트라 퀴즈시험으로 선발합니다. 의사가 되려는 사람에게는 울트라 퀴즈가 필요하지 않습니다.

처음에는 도쿄대학 의학부에 수만 명이 쇄도하던 상황이 막상 수년만 지나도 변하지 않을 수 없습니다. 어쨌든 투지와 의욕, 능력이 없는 학생은 계속 낙제합니다.

도쿄대학 의학부에 들어가도 소용없다는 것을 학생들은 바로 알아차립니다. 마침내 자신이 정말로 하고 싶은 학문을 할 수 있는 학부에 자기 능력에 맞추어 분산해서 갈 것입니다.

어떤 학생은 도쿄대학 의학부를 포기하고 다른 대학의 의학부로, 또 다른 학생은 의학은 자신에게 맞지 않는다는 것을 깨닫고 문학부로 갑니다.

도쿄대학이나 교토대학에 대한 신화도 종내는 사라질 것입니다. 왜냐하면 이와 같은 제도가 바탕이 되면 도쿄대학이나 교토대학 등의 존재 의의나 유리한 점이 줄어들기 때문입니다.

대학 간의 경쟁이 치열해지면 우수한 교수와 좋은 시설, 대학 고유의 효과적인 커리큘럼을 마련한 대학에 학생들이 모여듭니다. 특히 중요한 것은 이와 같은 상황이 되면 대학의 순위가 교수의 우열로 정해진다는 사실입니다. 훌륭한 교수에게 강의를 듣고 그 교수의 생각하는 방식을 흡수합니다. 바로 그것을 위해서 대학이 존재하는 것입니다.

교수의 대우를 좋게 하고 환경을 정비하고 전 세계에 정보망을 전개하여 대학은 우수한 교수를 모시려고 합니다. 이와 같은 노력을 태만히 하면 학생들이 오지 않아서 도쿄대학이라고 해도 몰락합니다. 이처럼 대학도 건전하고 공정한 시장원리에 따라 학생을 모집해야만 합니다.

대학입시 철폐, 이와 같은 방향으로 바꾸어 가면 대학은 각각의 전공에 필요한 지식을 얻을 수 있는 학문의 장이 됩니다.

하나만 잘하면 자연스레 지식과 상식을 깨닫는다

여러분 중에는 대학교육을 전문 지식이나 기술 습득이 목적이라는 것에 위화감을 느끼는 분도 있을 겁니다. 그런 분들의 생각도 이해합니다. 넓고 얕게 일반적 교양을 몸에 익혀가는 것도 중요하기 때문입니다.

저는 전문가를 양성하는 전문적인 학문의 장이 대학이라고 생각합니다만 제 의견에 반대할 수도 있습니다. 제가 생각하는 대학에서 배운다면, 가령 의학이라면 의학의 전문가가 될 수 있습니다. 그중에서도 특히 유전자 치료의 전문가가 될지도 모릅니다. 문학이라면 도스토옙스키의 전문가가 되어 그 학생은 자신의 분야에서는 누구에게도 지지 않을 자신감을 몸에 지니게 됩니다.

요컨대 하나의 재주에 빼어난 인간이 되는 것입니다. 어떠한 분야라도 한 가지 재주에 뛰어난 존재가 되려면 매우 힘듭니다. 한 가지 재주에 빼어난 사람이 되려면 모든 지식을 배우지 않으면 안 됩니다.

예를 들면 일류 목수가 되려면 못을 박거나 대패로 깎는 기술만으로는 안 됩니다. 일본 건축이나 목조건축에 대한 깊은 조예도 필요하고 건축주의 희망을 구체적인 형태로 나타낼 수 있는 표현력이나 배경 지식도 있어야 합니다.

자신이 하고 싶은 좋아하는 길입니다. 일류 목수를 목표로 하여 노력하는 사이에 그 결과 저절로 일반 상식이나 넓은 교양을 몸에 지니게 됩니다. 이와 같은 토대가 없으면 건축 지식을 흡수하거나 인간관계를 구축할 수 없기 때문입니다.

결국 학교에서 그런 것을 가르쳐주지 않아도, 한 가지 재주에 빼어난 사람이 되는 목적을 향하여 나아가는 과정에서 인간적인 기초가 마련됩니다. 이와 동시에 한 가지 재주에 빼어나다는 것은 스스로에게 자신감이 붙는 것이기도 합니다. 싫어하는 것을 억지로 집어넣으면 자신감이 있는 사람은 결코 되지 못합니다.

저야말로 사람 이름은 어지간해서는 기억도 못하고 집 전화번호조차 새까맣게 잊곤 합니다. 그런 사람이지만 주위의 힘을 빌리면 그럭저럭 일상생활을 할 수 있습니다. 대학에서 몸에 익힌 일반교양 같은 것은 아무런 쓸모가 없습니다.

장점이 없는 아이는 없습니다. 누구라도 무언가 좋아하는 것, 이루고 싶은 꿈, 잘하는 재주가 없을 리가 없습니다. 그것을 키워주면 그것이 그 아이의 장점이 됩니다.

모래장난을 좋아하는 아이는 쭉 모래장난만 하면 됩니다. 싫어하는 수학을 억지로 가르쳐봤자 소용없습니다. 모래장난만 하다보면 언젠가 질릴 것입니다. 그러면 그 연장선에서 요리 만들기를 좋아할지도 모릅니다. 그렇게 하면 좋아하는 요리의 길에서 일류를 목표로 하라고 응원하면 됩니다.

좋아하고 잘하는 분야가 있으면 어른은 그것을 힘껏 칭찬해줍니다. 칭찬을 받으면 자신감이 붙습니다. 더욱더 노력하여 현재보다 더 높은 목표로 나아가게 되고 또다시 자신감이 생깁니다.

운동선수가 좋은 예입니다. 그들은 기본적으로 한 가지 재주에 빼어난 사람들입니다. 어떤 선수는 축구를 좋아해서 노력하고 재능이 꽃피어 활약합니다. 누구도 그들에게 일반교양의 지식을 요구하지 않습니다. 말투나 약간의 지식 부족이 조금 화제가 될 뿐입니다.

시합에서 결과를 내고 멋있는 기술로 관객을 매료시키면 그런 것은 상쇄됩니다. 취재를 받고 어른들과 어울리는 사이 어느 틈엔가 상식을 몸에 익혀갑니다.

"대학은 일반교양을 익히는 장소다." 하고 주장하는 사람들이 말하는 교육이라고 해봐야 기껏 그런 정도입니다. 오히려 전문적인 지식만을 쭉쭉 흡수하는 교육으로 특화해가면 한 가지 재주에 빼어난 사람을 많이 배출할 수 있지 않을까요?

인생의 테마 선택은 빠를수록 좋다

저는 현재, 캘리포니아대학 샌타바버라캠퍼스(UCSB)의 공학부에서 재료물성학을 가르치고 있습니다. 동시에 산학협동 연구자로서 제 나름의 연구주제에 따라 반도체 등의 연구에 참가하고 있습니다.

일본에서 오신 손님들이 다음과 같은 질문을 자주 합니다.

"어떤 타입이 물리학 공부에 맞을까요?"

"어떤 타입이 연구 개발형일까요?"

"이 같은 최첨단 연구를 하려면 어떤 특별한 능력이 필요한가요?"

이런 질문을 받을 때 저의 답은 정해져 있습니다.

"하려는 마음만 있으면 누구라도 좋습니다. 의욕이 있고 그 분야에 흥미가 있으면 됩니다."

연구자의 능력은 누구나 거의 비슷하다고 생각합니다. 그중에서 특별한 발명이나 발견을 하는 사람은 우연이라는 요소가 상당히 크게 작용합니다. 물론 노력이 매우 중요합니다. 그러나 좋아하는 일이고 하고 싶은 연구이기 때문에 거의 모두가 비슷한 정도의 노력을 합니다.

80퍼센트 정도는 같은 노력이지만 거기서 조금 더, 기껏해야 10퍼센트 정도 더 많이 노력하면 때때로 '빅뱅'에 버금가는 대발견이나 발명을 합니다. 그 정도의 일입니다.

저는 생각하는 것이 취미여서 24시간 언제나 생각합니다. 좁고 깊게 생각합니다. 그러나 동일한 연구를 하는 사람이라면 누구라도 저만큼은 집중해서 생각한다고 여깁니다.

오로지 중요한 것은 주제의 선택입니다.

먼저 무엇을 연구대상으로 정할 것인가? 그것이 어긋나면 아무리 노력해도 좀처럼 바라는 결과를 얻을 수 없습니다. 그러나 일단 대상을 정한 다음에는 여하튼 다른 사람보다 많이 노력하고 오랫동안 집중하여 생각합니다. 그렇게만 하면 충분합니다. 좋아하는 일, 하고 싶은 일이니까 그 정도는 어려운 일이 아닙니다.

무엇을 주제로 택하는지에 따라서 결과가 다르다면 그 주제를 선택하는 동기가 문제입니다.

일본의 아이들은 대체로 옆으로 줄서기 교육을 받기 때문에 그다지 모험을 하지 않습니다. 다른 사람과 같은 일을 하고 있으면 설령 실패해도 모두가 다 같이 실패하기에 안심이 됩니다. 그 대신에 누구도 할 수 없는 획기적인 일을 하기는 어렵겠지요.

반면에 미국 아이들은 어릴 적부터 개성이나 창조성을 신장하도록 키웁니다. 다른 사람과 같은 일을 하게 되면 오히려 부끄러워합니다. 다른 사람의 뒤나 따르고 모방하는 일은 절대로 하지 않습니다.

다른 사람의 모방이나 옆으로 줄서기가 좋다고 생각하는 일본에서는 파이오니아(개척자)가 되기는 어렵습니다. 그러나 주제를 선정하는 최초 단계에서 누구도 가지 않은 길을 가려고 하지 않으면 절대로 개척자가 될 수 없습니다.

똑같이 고생할 거라면 좋아하는 일을 해라

최초의 주제 선택이 중요하듯이 인생에 대해서도 같은 말을 할 수 있습니다.

어린 시절에는 누구도 꿈이 있습니다. 그 꿈이 그 아이 인생의 주제입니다. 그때 본의 아니게 좋아하지 않는 주제가 정해지면 그 영향은 평생 따라다닙니다. 그렇기 때문에 어린 시절의 꿈을 소중하게 여겨야 합니다.

좋아하는 것, 하고 싶은 것을 주제로 정해 시작한다면 그다음은 노력 여하에 달려 있습니다. 그 주제가 아무도 해보지 않은 유일무이하고 매력적이라면 어른이 되었을 때 큰 성공을 거둘 수 있습니다.

이런 말을 하면 반드시 "좋아하는 일만 해도 제대로 된 사람은 되지 못해."라든가, "고생을 해보지 않으면 인간은 클 수 없어." 하고 반론하는 사람이 있습니다.

물론 고생은 중요합니다. 벽이나 장애물을 넘지 못하면 앞으로 나가지 못합니다. 절차탁마(切磋琢磨)하여 자신을 계속 단련하지 않으면 좌절하기 쉽습니다.

그러나 좋아서 시작한 일을 하면서 벽에 부닥치는 것과 좋아하지 않는 일을 억지로 하면서 고생하는 것은 전혀 다릅니다. 반론하는 사람은 "싫어하는 일이라도 고생해서 하지 않으면 안 된다." 하고 말하겠지만, 그것은 아무 의미도 없고 쓸데없는 일입니다.

좋아서 하는 일은 누가 뭐라 하든 자신이 그 일을 좋아하기 때문에 선택한 것입니다. 다소의 고생은 별것 아닙니다. 반대로 싫은 것을 억지로 하면 그렇지 않습니다. 그 자체로 스트레스가 쌓이기 때문에 벽에 부닥치면 거기서 완전히 압도당해 납작해져 버리겠지요.

지금 일본의 아이들은 대학입시라는 울트라 퀴즈경쟁을 강요당하고 있습니다. 시험공부가 좋아서 하는 아이는 거의 없습니다. 싫어도 억지로 하고 있습니다.

반론하는 분들은 "젊을 때 입시공부로 고생하다보면 괴로움에 견디고, 벽을 뛰어 넘기도 하는 과정에서 인격을 형성하는 준비가 된다."고 말합니다. 물론 다소는 효과가 있겠지요. 예를 들면 이 세상의 이치에 맞지 않거나 불합리와 부조리, 또 문학적 · 철학적 면에서의 고민이나 고생을 맛볼지도 모릅니다.

그러나 좋아하는 일을 하면서 느끼는 고생에 비하면 싫어하는 일을 하면서 느끼는 고생은 그 내면의 깊이가 전혀 다릅니다.

첫째, 전문 지식이나 능력을 발전시키는 데에 그런 고생은 아무 도움이 되지 않습니다. 대학입시의 고생은 그저 울트라 퀴즈를 진저리를 치면서 푸는 고생입니다.

한편, 비행사의 꿈을 테마로 정한 아이의 고생은 훨씬 깊이가 깊습니다. 비행사가 되기 위한 구체적인 공부도 그렇고, 더 우수한 비행사가 되기 위해서 필요한 노력도 합니다. 비행사가 좋아하는 일입니다. 그렇기 때문에 비행사가 된다, 우수한 비행사가 된다고 하는 그 하나의 목표를 향해 고생하고, 고민하고, 궁리하고, 추구해가는 것입니다.

그 좁고 깊은 고생과 비교하면 대학입시의 얕고 넓은 고생은 전혀 무의미하고 쓸데없는 고생이라고 생각합니다. 고생은 같아도 내면의 깊이가 다르며 당사자가 느끼는 가치도 다릅니다. 시시한 입시 공부로 고생할 바에는 차라리 자신이 좋아하고 하고 싶은 것에 그와 같은 에너지를 쏟아 붓는 편이 고생하는 본인을 위해서도 사회를 위해서도 훨씬 도움이 됩니다.

인생의 테마를 실현하기 위한 전략을 생각하자

미국 메이저리그에서 뛰고 있는 이치로 선수는 어릴 때부터 프로야구 선수로 성공하겠다는 구체적인 주제와 꿈이 있었다고 하는 사실은 너무나 잘 알려져 있습니다.

그는 먼저 중학교와 고등학교에서 전국대회에 출전하여 활약하겠다는 목표를 세웁니다. 그 목표를 이루려면 열심히 연습하지 않으면 안 된다는 것도 알고 있었고 힘든 연습을 계속하면 반드시 프로야구 선수가 될 수 있다는 믿음도 있었습니다. 전국대회에서 활약하여 좋은 성적을 남기면 드래프트(프로야구 팀들이 신인선수를 선발하는 제도—옮긴이)에서 많은 계약금을 받고 프로야구 구단에 들어갈 수 있다고 생각한 것입니다.

초등학교 6학년 졸업문집에는 프로야구 선수가 되기 위한 이와 같은 전략을 자세히 썼습니다. 실제 그는 아이치공업대학 메이덴고등학교에서 1992년에 오릭스(일본의 프로야구구단 이름)에 입단하여 첫 단계의 꿈을 실현합니다. 나아가 지금은 어릴 적의 꿈을 뛰어넘어 미국의 메이저리그에서 대활약을 하고 있습니다.

어릴 때부터 좋아하는 것을 계속하면 성공할 확률이 높습니다. 이것은 이치로 선수가 좋은 예입니다.

누구나 초등학교 졸업문집에 장래의 꿈을 쓴 적이 있을 것입니다. 어른이 되고 난 지금은 내용을 거의 잊고 있겠지요. 만약 장롱 속 어딘가에 있다면 한번 꺼내어 다시 읽어보면 어떨까요?

거기에는 자신의 어린 시절 꿈이 씌어 있습니다. 지금의 자신과 비교해보십시오. 이치로 선수처럼 그 꿈이 현실로 되어 있습니까? 되어 있다면 행복한 인생을 살아온 것이지요. 그렇지 않다면 왜, 어디서부터 잘못되었는지 돌아보십시오.

그래서 당시의 꿈이 이루어지지 않아서 지금의 자신에게 무엇인가 불만이 있다면 아이들에게도 그와 같은 전철을 밟게 하고 싶지 않다고 생각할 것입니다.

역시 어릴 적의 꿈을 추구하여 좋아하는 것, 하고 싶어 하는 것을 하는 인생이 후회가 적지 않을까요?

이렇게 말하는 저도 초등학생 때는 애니메이션 〈우주소년 아톰〉에 나오는 아톰을 만들고 키운 아버지 오차노미즈 박사와 같은 사람이 되고 싶었습니다. 그 후 수학과 물리학의 재미를 알고서는 이론물리학자가 되려고 생각했습니다.

그러나 지금은 공과대학 교수입니다. 어디서 어긋나버렸을까요? 역시 자신이 좋아하는 것, 하고 싶은 것을 믿고 주위의 잡음에 마음을 빼앗기지 않고 초지일관했다면 인생은 훨씬 달라졌을 텐데 하고 제 자신을 돌아봅니다.

인생의 테마는 일찍 발견할수록 좋습니다. 그러면 목표를 실현하기 위한 구체적인 전략을 생각합니다. 그것이 살아가는 힘입니다. 어른은 아이들을 그런 방향으로 이끌어가는 역할을 해야 합니다.

영어가 필수인 이 세상에 적응하기

과학자의 역할과 사명은 첫째, 세계 인류에 유용한 과학기술을 개발하는 것입니다. 현재 세계의 큰 이슈는 인구문제입니다. 인구문제는 바로 식량과 에너지 문제로 이어집니다.

이와 같은 문제를 해결하도록 좋은 방향으로 이끌어가는 수단이 과학기술이라는 제 생각에는 동의하시겠지요. 아무리 이상을 외치고 토론을 하더라도 기술이 없으면 아무것도 해결할 수 없습니다.

우리가 얼마나 많은 과학기술의 혜택을 받고 있는지 생각해보세요. 효율이 좋은 엔진을 개발하고, 수확량이 많은 작물을 개량하고, 의료기술을 발전시키고, 원자력에서 얻은 에너지를 사용할 수 있는 세계. 이 모든 것은 지금까지 인류가 발전시켜 온 과학기술의 성과입니다.

세계 인류가 사용하는 이러한 기술을 개발하는 것이 과학자의 역할입니다만, 반대로 그 힘을 악용하면 너무나도 큰 해악을 끼치는 것 또한 피할 수 없습니다.

원자폭탄 개발도 그렇고 나치 독일에 협력한 과학자도 있습니다. 옴진리교의 신자들이 만든 사린가스 등도 과학기술을 악용한 예입니다(옴진리교는 아사하라쇼코를 교주로 한 일본의 사이비 종교단체로 1995년 일본 전복을 목적으로 도쿄역에서 사린가스를 살포하여 13명이 죽고 수천 명이 다쳤다―옮긴이)

어떤 시대에도 나쁜 일을 하려고 유능한 과학자를 이용하여 과학지식이나 기술을 악용하려는 인간은 반드시 존재합니다. 저를 포함해서 과학자는 세상 물정을 잘 모르는 사람이 많기 때문에 명성이나 명예, 연구비 같은 것들이 눈앞에서 어른거리면 무비판적으로 달라붙는 일이 있습니다.

과학자뿐만이 아니라 인간 누구라도 마음속에는 악마가 살고 있습니다. 동시에 천사도 살고 있지만 어떻게 해야 악마를 밖으로 드러내지 않고 꼼짝 못하게 억눌러 침묵하게 할 수 있을지가 문제입니다.

나치 독일 정도의 사악한 존재는 아니어도 유혹은 항상 우리 주변에 있습니다.

저는 아침에 일어날 때 언제나 '좀 더 자고 싶은데' 하고 생각합니다. 그러나 그렇게 해서는 일을 순조롭게 진행할 수 없습니다. 자고 싶어 하는 몸을 질책하고 격려하여 겨우 침대에서 몸을 일으켜 세워 연구실로 향합니다.

과장해서 말하면 매일매일이 이와 같은 유혹과의 싸움입니다. 악마가 게으름을 피우라고 말합니다. 이 악마의 속삭임과 싸워 이길 수 있을 만큼 강한 자신을 만들어야 합니다.

저는 아침마다 늦잠을 자고 싶어 하는 자신의 엉덩이를 걷어차서 언제나 강해지려고 노력합니다.

그보다 더 중요한 것은 자신의 머리로 생각할 줄 알아야 합니다. 아무 생각 없이 다른 사람의 의견에 좌우되어서는 안 된다는 겁니다. 다른 사람의 발언은 그 말하는 사람의 이해관계에 근거한 것이 많습니다. 요컨대 다른 사람의 의견을 들어도 그 내용이 과연 자기 자신을 위한 것이 될지 아닐지 모른다는 것입니다.

옳은가, 그른가? 천사일까, 악마일까? 스스로 생각하고 주위의 잡음에 좌우되지 않고 판단합니다. 언제나 유혹에 흔들리지 않는 강한 의지를 지니려고 마음먹고 언제나 스스로의 힘으로 생각할 줄 알아야 합니다.

이것은 과학자에게만 한정된 이야기가 아닙니다. 아이들도 유혹에 지지 않는 강한 의지와 스스로 생각하는 힘을 기르지 않으면 안 됩니다. 이것 역시 교육의 역할입니다.

배구공에서 배운 많은 것을 배우다

저는 중학교, 고등학교 때 배구부에서 운동했습니다. 그 당시에는 매일같이 정말 열심히 연습했습니다.

저는 당시 대학입시라는 울트라 퀴즈경쟁에 말려들어 그야말로 혼이 났습니다만 신기하게도 배구부에서의 경험은 지금도 도움이 되고 있습니다. 그때는 아무리 연습하고 작전을 다듬어도 지기만 했습니다. 아무리 노력해도 안 되는 일이 있다는 것을 배구공을 통해서 알았습니다.

하고 싶지 않은 입시공부는 억지로 하기 때문에 아무것도 몸에 배지 않습니다. 그러나 스포츠는 조금 다릅니다. 물론 배구부는 자발적으로 들어간 것이기도 하고 배구도 좋았습니다. 토할 것처럼 맹연습을 매일 바보같이 계속해도 바라는 결과가 나오지 않습니다. 지기 싫어하는 성격이라 "이런 제기랄!" 하고 욕을 하면서도 여하튼 계속 분투하는 수밖에 없습니다.

얼핏 보면 쓸데없는 노력의 반복이지만 지금에 와서 돌이켜보면 시합에 져도 기죽지 않는 근성과 어떤 일이라도 지기 싫어하는 반발심을 키웠다고 생각합니다. 그와 동시에 유혹에 굴하지 않는 강한 의지도 배구를 하면서 길렀습니다.

누가 시키지 않아도 매일 연습합니다. 하루라도 쉬면 그다음 날이 힘들어지기 때문입니다. 절제하고 규칙 바른 생활이 무엇보다 중요합니다.

프로 선수들은 하루 연습을 쉰 후 그만큼 되찾으려면 일주일이 필요하다는 말을 자주합니다. 쉬는 것은 쉽지만 그만큼 강렬한 반격을 받습니다. 편함(樂)을 즐기면 그다음은 고생입니다. 이것을 배구를 통해 절실히 깨달았습니다.

일을 하면 한층 더 그와 같은 것의 소중함을 압니다. 하던 일을 멈추고 자면 편합니다. 그러나 그렇게 해서는 좋은 결과를 얻을 수 없습니다.

특히 저처럼 연구개발에 종사하는 사람은 매일매일이 실험과 실습의 반복입니다. 그것을 담담하게 꾸준히 해야만 합니다. 그러한 반복의 저 끝에 성공이 기다리고 있는 것이 인생입니다.

영어가 필수불가결한 시대

인터넷과 교통수단이 발달하면서 세계는 점점 좁아지고 있습니다. 정보의 전달속도도 빨라지고 물리적인 거리도 줄어들고 있습니다.

이와 같은 세상에서는 이미 어쩔 수 없는 현상이지만 영어가 세계의 커뮤니케이션(대화)에 필요한 공통 언어가 되고 있습니다. 싫든 좋든 영어를 하지 못하면 국제사회에서 자신을 표현할 수 없습니다. 영어권의 사람이야 관계없지만 그렇지 않은 나라의 사람에게는 영어가 큰 장애물(핸디캡)이 되고 있습니다.

그러나 홍콩이나 싱가포르같이 자원이 적기 때문에 무역으로 번영해야 하는 도시국가는 아이들이 어릴 때부터 영어를 공부하기 때문에 영어권 사람과 비교해도 손색이 없습니다.

일본에서도 영어교육을 하지만 그다지 효과가 있어 보이지는 않습니다. 다행히 저는 시골에서 자랐지만 어머니 덕분에 초등학교 고학년 때 영어를 접했습니다. 어머니에게는 지금도 고마움을 느끼고 있습니다.

그렇지만 미국 대학에서 강의를 하고 이곳 연구자들과 함께 연구개발을 진행하는 지금의 저에게 영어 실력은 아무리 있어도 충분하다고 말할 수 없습니다. 특히 이과 계열의 전문직에 종사하려면 영어는 필수입니다. 극단적으로 말하면 이과 계통의 사람에게 일본어는 불필요합니다. 이과 계통은 그와 같은 세계입니다.

예를 들면 노벨 화학상을 수상한 다나카 고이치도 처음에는 일본어로만 논문을 썼지만 어떤 사람의 권유를 받아 영어로 논문을 발표하였다고 합니다. 그것이 국제적으로 평가를 받아 결과적으로 노벨상으로 이어졌습니다.

영어로 논문을 쓰는 능력은 이과 계통의 연구자에게는 아주 중요합니다. 오히려 일본어로만 논문을 쓰면 저 사람은 영어를 못한다고 생각하여 손해를 볼 정도입니다.

우리 학회에서는 영어가 표준어로 되고 있습니다. 이것은 이제 더이상 어쩔 도리가 없을 정도로 진전되어 불평해도 도리가 없습니다. 현실이 그렇기 때문에 자신을 거기에 맞출 수밖에 없습니다.

지금부터라도 늦지 않았습니다. 장차 이과 계통의 연구자가 되려는 아이가 있다면 일본어 같은 것은 더 이상 공부하지 않아도 됩니다. 수학이나 물리학 등을 공부하려는 이과 계열 연구자는 여하튼 영어입니다. 영어를 확실히 해두는 것이 필수입니다. 그런 시대입니다.

교육에서 위기관리의 사고방식

인간도 동물입니다. 그냥 내버려두면 자연의 섭리에 따라 살아갑니다. 자연 상태에 놓여 있는 인간은 다양한 문제를 안고 있습니다. 그런 인간의 다양한 문제가 과학기술의 진보에 따라 해결되어 온 것은 두말할 나위도 없습니다.

요컨대 저의 생각은 교육제도를 포함해서 모든 행동을 자유롭게 할 수 있도록 허용하지 않는다면 인간은 행복해질 수 없다는 것입니다. 아이들 교육도 자유롭게 두면 대부분 잘 굴러갑니다.

그런데도 관료나 국가, 부모나 선생이 아이들에게 시끄럽게 잔소리를 하고 자신의 이해에 따라서 아이들을 통제하려고 합니다. 이 상황은 인간이 자연 상태에 손을 대서 환경을 파괴하는 것과 별반 다르지 않습니다.

의무교육도 수학과 사회, 국어와 같이 특정 과목을 정해서 특별한 내용을 가르칠 필요는 없습니다. 그 아이가 좋아하는 것을 자유롭게 할 수 있도록 해주면 됩니다. 인간을 자유롭게 하도록 내버려두면 어느 사이에 전문적인 것을 공부하고 싶어 합니다. 그렇게 되면 하려는 마음이 있는 사람은 자유롭게 대학에 들어갑니다. 의사나 연구자, 법률가 등은 그렇게 해서 자연히 만들어집니다.

그 아이가 목수나 어부, 요리사처럼 전문적인 대학 교육이 아닌 현장에서 경험을 쌓아야 직업을 갖는 것이 더 유리하다면 그렇게 하도록 하면 됩니다. 직업에 귀천이 없습니다. 목수보다 의사가 신분이 더 높은 것은 아닙니다.

거품경제가 붕괴한 이후 일본 경제 상황이 계속 좋지 않습니다. TPP(환태평양 경제협의체)에 참가해서 세계화를 해야 한다는 주장이 큰소리로 울려 퍼지고 있지만 좀체 진전되는 모습은 아닙니다.

그 결과, 사람들의 의식은 고도성장기의 의식 그대로입니다. 관료들이 기득권을 방패로 삼아 개혁하지 않고 있기 때문에 고도성장기에 만든 행정 등의 시스템도 그대로입니다. '잃어버린 20년'과 같은 말도 있지만 아무것도 하지 않은 채로 시간만 지나고 있습니다.

일본 정치가의 나쁜 점들은 아주 많지만, 무엇보다 가장 나쁜 점은 국민에게 명확하고 알기 쉬운 비전을 제시하지 않았다는 것입니다. 아니, 거의 유일한 비전이 있습니다. 그것은 과거의 꿈을 쫓아서 국채를 남발하여 국가 재정을 적자로 만들면서 공공사업이라는 이름 아래 토목국가로 되돌아가는 것입니다.

그러나 지금 일본에서 대체 누가 이런 잠꼬대 같은 소리에 귀를 기울이고 있을까요?

토목국가로의 회귀라는 길 말고, 꿈과 희망을 지닐 수 있는 명확한 비전이 필요합니다. 그것이 우리의 간절한 소망입니다.

미국과 중국의 중간형이 생존의 길이다

여기에서 저의 본심을 말하겠습니다.

일본은 사실 이미 심각한 사양길로 접어들었습니다. 우리 한 사람 한 사람의 장래는 차치하고 이대로 가면 나라에는 미래가 없습니다. 이것만은 확실합니다.

정치가나 관료, 은행가, 기업의 수뇌부가 아무리 "일본은 다시 고 도성장기 경제로 돌아간다."고 말을 해도 그것은 전부 거짓말이며, 그들이 '꿈이여 다시 한 번'이라고 소망하는 마음가짐이야 이해 못 할 바도 아니지만 절대로 1960년대, 1970년대 같은 경제 상황이 될 수는 없습니다.

어쩌면, 1970년대 후반부터 1980년대 전반 플라자 합의의 시기에 선견지명이 있는 정치가가 몇 명이라도 있어서 구조개혁을 진심으 로 연구하고 실행했다면 우리는 지금과는 조금 다른 길을 가고 있을 지도 모릅니다.

그러나 불행하게도 이 나라에는 제대로 된 정치가가 없었고 설령 있었다고 하여도 국민은 그 사람을 선출할 수 없었습니다.

시대는 급속하게 계속 변하고 있고 그 변화 속도에는 점점 가속도 가 붙고 있습니다. 미래 예측은 점점 불가능해지고 있습니다. 인간의 운명은 예측할 수 없기 때문에 재미있고 흥미 깊습니다. 그러나 한

국가의 운명을 좌우하는 정치가에게 미래에 대한 선견지명이 없다는 사실은 그야말로 범죄에 가깝습니다.

그렇다면 일본에는 대체 어떤 미래가 기다리는 것일까요? 또는 어떤 미래를 그려서 나아가면 좋을까요?

지금은 중국 같은 신흥국이 예전에 일본이 가장 잘하는 분야인 제조업을 좌지우지하려고 합니다. 이런 기세는 시대의 흐름이기 때문에 멈추게 할 수는 없습니다. 시장원리에서 말하면 근면하고 값싼 노동력이 대량으로 존재하고 설비투자가 왕성하게 일어나면 그 나라의 제조업은 발전합니다. 값싸고 품질 좋은 제품을 대량으로 만들 수 있기 때문에 그 나라는 전 세계의 시장에 진출하게 되지요.

제품의 연구개발은 다른 나라에 맡기고, 다른 나라의 노하우(know-how)나 특허를 살리고 그 위에 제품을 개량해서 값싸고 성능이 좋은 물건을 만듭니다.

전에는 일본이 이렇게 해서 전 세계에 공업제품을 엄청나게 팔았습니다. 자원이 많지 않은 일본이 생존할 수 있는 길은 이 방법 외에는 없으니까요.

그러나 현재 일본의 사정은 다릅니다. 그와 같은 제조업 국가로서의 지위는 중국 같은 신흥국에 완전히 빼앗겨버렸습니다. 중국에는 값싸고 근면한 노동력이 있으며 게다가 자원도 풍부합니다. 일본이 제조업으로 살아갈 수 없다면 다른 방법을 찾는 수밖에 없습니다.

미국은 연구개발형 나라입니다. 지적 소유권을 기본으로 세계적인 규모로 산업을 리드하고 새로운 니즈(needs)를 발굴하며 그 노하

우와 특허 등을 사업으로 전개했습니다. 번뜩이는 예지와 아이디어를 지닌 천재와 강한 기본기를 바탕으로 연구를 계속하는 과학자들이 많습니다. 이들이 이와 같은 지적 소유권 입국을 지탱해온 것입니다(지적 소유권 입국이라는 것은 지적 소유권으로 나라를 유지해간다는 의미다. 예전 우리나라에서 산업으로 국가를 일으킨다는 의미에서 '산업입국'이란 말을 사용한 것과 유사하다—옮긴이).

제가 생각하는 일본의 길은 중국과 미국 사이의 제3의 길입니다. 그것은 제품 제조 분야에서 말한다면 저렴한 제품을 대량생산하는 중국형 방식과 창조적이고 획기적인 제품을 개발하는 미국형 방식 사이의 중간 방식입니다. 구체적으로는 혼다 같은 자동차 제조회사가 연구개발을 추진하고 있는 연료전지 등등의 차세대형 기술혁신이 이에 해당합니다.

이와 같은 지적 재산의 대부분은 미국에 밀리지만 반면에 미국은 그것을 실제 제품화는 잘 못합니다.

일본은 첨단적인 시제품을 제품화하여 수백만 대의 단위로 생산한 후 약간 높은 가격으로 전 세계에 팔아치우고 제품의 생산기술이 포화상태(널리 퍼져서 보통의 기술이 된다는 의미—옮긴이)에 이르면 다음 단계의 대량생산은 중국과 같은 제조업의 나라에 맡깁니다.

연구개발은 미국이 하고, 시제품 만들기부터 고부가가치의 제품화는 일본이 맡으며, 제품의 대량생산은 중국이 담당하여 국제적인 수평분업 체제를 형성하는 것입니다. 이처럼 역할을 분담한다면 일본은 지금부터 앞으로 50년 정도는 희망을 가질 수 있습니다.

최악의 상황을 상정하여 아이를 키운다

일본 산업계를 시제품 만들기의 중간형으로 훌륭하게 연착륙시킬
수 있으면 좋지만 이것은 상당히 어려운 시도입니다. 희망을 가질 수
있도록 하면 좋지 않을까 생각합니다만 현실은 생각 이상으로 냉엄
합니다.

위기관리의 요점은 가장 위험한 상황, 최악의 시나리오를 상정하
여 그것에 대비하는 것입니다.

은행이라면 대불황이나 연쇄부도, 대규모 예금인출 사태 등을 상
정하여 자금이면 자금, 예방책이면 예방책으로, 담당부서 나름대로
준비를 합니다. 국가라면 제3국의 공격을 상정하여 외교 노력이나
방위책을 준비하고, 자치단체라면 대규모 재해나 재정 파탄에 어떻
게 대처할 것인지를 연구하여 만전의 준비를 하는 것입니다.

이와 같은 일에 태만하면 그것은 기업의 책임자나 정치가, 관료가
해야 할 일을 방기하는 것입니다.

우리 가족의 위기관리는 어떨까요? 특히 아이 키우기와 교육의 위
기관리를 생각한다면 부모는 아이에게 닥치는 최악의 상황을 상정
하여 대비해야 합니다.

예를 들어 일본 경제가 완전히 파탄 나고, 주가와 엔화 가치는 폭
락하고, 실업자가 넘쳐나고, 범죄가 다발하며, 재정도 고갈되고 경찰
이나 소방서도 기능하지 못하는 상황을 머릿속으로 그려보십시오.

국민소득도 인도네시아와 비슷한 수준이 됩니다. 생활수준도 떨

어지기 때문에 해외여행도 물론 쉽게 갈 수 없습니다. 브랜드 제품 구매는 가당치도 않습니다.

만약 이런 사회가 된다면 어떻게 살아가야 할까요? 아이들에게 그러한 상황에서 살아갈 수 있는 힘과 생존능력의 배양이 교육에서 해야 하는 위기관리입니다. 농담이 아닙니다. 가까운 미래에 이런 모습은 충분히 생각할 수 있습니다. 상상력이 없는 사람에게 미래 따위는 없습니다.

제3의 길이라고 말했지만, 유럽연합 각국은 물론 한국이나 대만도 똑같이 제3의 길을 목표로 절차탁마하고 있습니다. 국제사회나 기업사회는 생존경쟁이 치열한 곳입니다. 잡아먹을까, 잡아먹힐까? 살아남을까, 죽을까? 둘 중 하나입니다.

사양길에 접어든 일본과 운명을 함께한다, 그것도 드라마틱해서 좋습니다. 타이타닉과 함께 바다 밑으로 가라앉는 선장과 같은 것입니다. 그러나 '교육개혁 따위는 어떻게 되든 좋다. 우리 아이만 행복해진다면 불만은 없다.' 이런 것이 부모의 본심이 아닐까요?

그렇다면 진짜로 미래의 일을 생각해야 합니다. 아이들이 정말로 행복하고 꿈과 희망을 지니고 살아갈 수 있는 교육. 그에 대한 준비를 해두지 않으면 그거야말로 태만입니다. '침몰하는 국가나 기업과 함께 극락으로 함께 가는 것 따위는 절대로 싫다.' 그렇게 생각하는 것이 당연합니다.

그러면 이와 같은 일본을 떠나서 살아가는 수밖에 없습니다. 국제사회에서 활약할 수 있는 전문적인 기술과 지성, 체력과 재능을 닦아야 합니다. 전문 분야에서 통할 수 있는 영어 능력과 가능하면 그 외 다른 외국어를 익히고 외국인 친구를 많이 사귑니다. 일본의 세뇌적인 교육시스템에서 벗어나서 영주와 부하라고 하는 일본적인 발상을 하지 않는 삶을 살아야 합니다.

세계를 상대로 업무를 할 수 있는 실력을 익히려면 어떻게 해야 할까요?

그것은 대학입시라는 울트라 퀴즈경쟁을 벗어나서 좋아하는 일, 하고 싶은 일을 철저하게 추구하여 무법자와 같아 보여도 다른 사람에게는 없는 자기만의 매력을 발견하는 것입니다.

그러나 이런 것은 아이 혼자 힘으로는 절대 해낼 수 없습니다. 부모가 아이들에게 이와 같은 삶의 방식을 제안하고 환경을 갖추어 주어야 합니다.

제3의 길이냐, 일본 침몰의 길이냐? 저는 일본의 장래 모습은 둘 중 하나라고 생각합니다.

어떻게 되든 그것은 개성을 연마하고, 자신을 잘 알고, 좋아하는 일에 빠져 몰두하는 아이들만 살아남는 사회입니다. 울트라 퀴즈 왕이 살아남는 사회는 결코 아닙니다. 이것만은 확실하게 말할 수 있습니다.

역자 후기 | 아이들에게 자신만의 인생을 살아가게 하자

지난 수십 년 동안 교육에 관련된 여러 사람들이 한국의 교육시스템에 문제를 제기하고 교육개혁을 주장했습니다. 그러한 주장만큼이나 교육제도를 많이 변경하였지만 그다지 만족할 만한 성과를 내지 못하는 이유는 무엇일까요?

이웃 일본에서도 한때 유토리교육(여유 교육)을 시도했지만 학력저하라는 부작용이 나타나 결국 거의 폐지하고 말았습니다. 그렇다고 종전의 교육제도가 좋다는 것도 아닙니다. 이런 답답한 교육 현실을 교육 분야에서는 비전문가인 노벨 물리학상 수상자 나카무라 슈지 교수가 가히 혁명적인 주장을 제기합니다. 자신의 학창 시절과 청색 LED 발명의 과정에서 얻은 경험을 바탕으로 한 주장은 다음과 같습니다.

가망 없는 아이는 없다

나카무라 교수는 다른 모든 연구자가 안 된다고 포기한 질화갈륨을 이용해 청색 LED 개발에 성공했습니다. 모두가 셀레늄화아연으로 연구하면서 질화갈륨은 물질의 특성상 청색 LED 개발에는 맞지 않다고 생각할 때 질화갈륨을 이용해서 개발에 성공합니다. 이 경험에 비추어 모두가 안 된다고, 가망이 없다고 생각하는 아이에게도 무언가 그 아이 나름의 장점이 있다고 주장합니다.

저자는 가망 없는 아이는 없다, 아무짝에도 쓸모없는 아이는 없다고 말합니다. 다만 우리가 그 아이의 진정한 소질을 모르고 있을 따름이라고. 이 아이는 안 된다고 가망 없다고 보는 바로 그 편견이 진짜 가망 없는 것이라고 말입니다. 아니, 그 아이를 가망 없는 아이로 만드는 입시제도가 문제라고 말합니다.

가망 없는 아이는 없고 오로지 가망 없다고 보는 편견만이 있을 따름이다, 혹은 아이를 가망 없게 만드는 교육제도가 문제라고 주장합니다.

대학입시를 철폐하자

아이를 가망 없는 아이로 만드는 나쁜 제도로 암기 중심의 대학입시를 들고 있습니다. 그래서 나카무라 교수는 암기과목 중심의 대학입시를 철폐해야 한다고 주장합니다. 그렇다고 암기과목 공부를 하지 말라고 주장하는 것은 아닙니다. 하고 싶은 사람은 하되 억지로 강요해서 주입식으로 하지 말라는 주장입니다.

나카무라 교수는 암기 중심의 교육도 문제지만 이러한 암기 과목을 근간으로 한 대학입시 제도가 더 심각하다고 주장합니다. 아주 넓은 범위의 과목, 그러다 보니 자연히 깊이가 얕은 내용을 묻는 문제가 대학입학시험에 출제되고 있습니다. 사실 좀 극단적인 표현이지만 대학입학시험이 울트라 퀴즈, 한국식으로 하면 퀴즈의 달인 대회와 마찬가지입니다.

이것과 관련하여 나카무라 교수는 일본 교육의 모든 문제가 대학입시 제도에서 기인한다고 주장합니다. 그래서 대학입시를 폐지해야 한다고 주장합니다. 사실 이런 주장은 우리나라에서도 최근 간간히 이야기되고 있습니다. 사람에 따라서 극단적 주장이라고 여기는 사람도 있고 저 자신도 사실 없애자는 주장에 흔쾌히 동조하기는 어렵습니다. 또 사실 대학입시 철폐만으로 교육의 모든 문제가 해결되지는 않을 것입니다.

"열려라, 참깨." 하고 암구호만 외치면 문이 열리는 알리바바의 동굴처럼, 대학입시 제도만 철폐하면 모든 문제가 해결된다는 생각은 너무 단순해 보입니다. 그럼에도 저자는 왜 대학입시를 철폐하자고 하는 것일까요?

첫째, 사람은 제각기 꿈과 희망이 다르고 개성이 다릅니다. 그런 사람들을 대상으로 획일적인 하나의 시험으로 인생을 결정하는 현실이 불합리하다는 것입니다. 그 모든 사람의 꿈과 희망을 없애고 대학만 가면 행복해진다는 말은 거짓이고 그럴 수도 없습니다.

둘째, 대학만 가면 된다는 사고방식이 문제라는 것입니다. 대학은 공부의 시작인데 일본에선 대학에 가면 그것으로 끝이라고 봅니다.

대학에 가서 좋은 회사에 들어가면 영원한 회사원이 되어 행복하게 살 수 있다고 말합니다. 그런데 그 인생의 종착역인 회사원이 되면 과연 그것이 행복을 보증할 수 있는지 의문을 제기합니다. 나카무라 교수는 대학입시 제도와 관련하여 그런 초난문 울트라 퀴즈대회의 종착역이 회사원이라고 주장하며 부정적으로 봅니다. 그는 책 곳곳에서 울트라 퀴즈대회의 종착역인 영원한 샐러리맨에 대하여 상당히 비판적인 시각을 드러내고 있습니다. 이 책 출판 이후 일본의 독자도 이에 대한 비판이 많았습니다. 나카무라 교수처럼 뛰어난 사람은 샐러리맨 생활이 우스워 보일지 모르지만 보통 사람에게는 그것도 어렵고 감지덕지라고 말입니다.

그러나 마음 한편으로는 나카무라 교수의 말에 동감합니다. 그렇게 공붓벌레처럼 공부해서 기껏 회사에 가서 예전의 가신처럼 회사에 멸사봉공하여 나중에는 결국 버림받는 신세가 됩니다. 그게 뭐냐고 묻고 싶은 마음이 듭니다.

영원한 샐러리맨 인생에 대한 가치 판단은 사람마다 다를 것입니다. 그러나 입시지옥을 거친 그 끝이 그것이라면 너무 허망하다는 생각도 듭니다.

물론 나카무라 교수가 말한 것처럼 직업에는 귀천이 없습니다. 영원한 샐러리맨도 좋고 교수도 좋고 농부도 좋습니다. 다만 명문 대학에 목매달고 입시지옥을 거친 종착역이 영원한 샐러리맨이라면 행복과는 거리가 멀지 않나 하는 생각이 들기도 합니다.

물론 시시해 보이고 보잘것없어 보이는 일들이 있기에 세상이 문제없이 굴러가는 것이기도 합니다. 모든 사람이 갑자기 샐러리맨 생활을 그만두고 창조적인 일만 해서는 세상이 돌아갈 수 없습니다. 그것을 나카무라 교수가 부정하는 것은 아닙니다. 그는 목수의 일도 중요하다고 이야기합니다. 청소부가 없으면 이 세상의 모든 일이 제대로 굴러가지 못합니다.

그가 영원한 샐러리맨을 문제로 지적하는 것은 아닙니다. 그 속에 담긴 '영주와 신하' 의식이 문제라는 것입니다. 나카무라 교수는 영원한 샐러리맨이라면 결국 그것은 회사에 종속된 가신과 다를 것이 없다고 봅니다. 그러한 인생이 과연 가치 있는가, 어릴 적 꿈과 희망을 모두 버리고 가야 하는 것인가에 대해 한 번 묻는 것입니다.

"왜냐하면 회사나 조직을 위해 희생하는 인생이 본인에게 행복할 리가 없기 때문입니다."

영주의 가신처럼 영원한 샐러리맨 신화에 얽매어 있는 한 개인의 자립성은 존재할 수 없고 자립성 없이 인간은 행복할 수 없다고 주장합니다.

물론 샐러리맨에서 벗어나는 길이 그렇게 간단하지는 않습니다. 그러나 이제는 시대가 변화하고 있습니다. 그런 샐러리맨을 지향한다고 해서 이제 그것이 가능한 시대는 끝나가고 있다고 그는 주장합니다.

대학은 대학다워야 한다

다음으로 대학입학시험 폐지를 주장하는 이유는 대학의 존재 이유와 관련이 있습니다.

"히거 교수나 크로머 교수와 제가 개인적으로 아주 친한 것은 아니지만 이처럼 노벨상 수상자 같은 뛰어난 사람이 주위에 아주 평범하게 존재하는 것이 미국의 대학입니다."

이것이 나카무라 교수가 그리는 대학의 모습입니다. 미국 대학에는 노벨상 수상자가 그저 여러 교수 중의 하나처럼 주변에 있다고 말합니다. 모름지기 좋은 대학이라면 우수한 교수들이 모여 있어야 하는데 일본의 대학은 그렇지 못하다는 것입니다. 미국은 캘리포니아대학 샌타바버라캠퍼스에도 현직 노벨상 수상자 교수들을 주변에서 쉽게 볼 수 있는데 사실 일본은 구제국대학에서 변신한 국립 명문대에도, 유명 사립대에도 현직 노벨상 수상자 교수는 거의 없습니다.

도쿄만 해도 대학이 수십 개가 있는데 그 수십 개 대학의 현직 교수 중에 노벨상 수상자가 겨우 한 명입니다. 일본 전체로 보면 교토대학에 야마나카 신야라는 노벨 의학상 수상자 한 명, 나고야대학에 아마노 히로시라는 물리학상 수상자 한 명 정도입니다. 나머지는 모두 명예교수거나 미국 거주자입니다. 전체 일본의 현직 대학교수 중 노벨상 수상자는 겨우 세 명입니다. 일본 전체에서 가장 우수하다고 인정받는 울트라 퀴즈 왕들의 집합소인 도쿄대학에 현직 노벨상 수상자 교수는 단 한 명입니다. 그것도 사실 학부는 사이타마대학 출신입니다. 나카무라 교수는 이 정도 성과를 거두기 위하여, 그렇게 모든 것을 알아야 하는 울트라 선발대회를 한다는 것은 국가적 낭비라고 생각합니다. 그래서 그런 일본 대학의 현실에 깊은 우려를 표합니다.

그렇게 어려운 초난관 울트라 퀴즈의 결말이 너무 어이없지 않느냐 하는 것이 나카무라 교수의 생각입니다.

그런데 이 도쿄대학이 일본 전체에서 가장 우수한 학교라고 인정받고 있습니다. 나카무라 교수는 이러한 대학 순위가 뭔가 이상하다는 겁니다. 대학 순위가 교수의 연구 실적이 아니라 입학생의 고등학교 성적으로 정해진다는 것은 찬찬히 생각해보면 정말 이상한 일입니다. 한국과 일본에서는 연구 수준으로 대학의 능력이 비교되는 것이 아니라 입학생의 고등학교 성적이 그 대학의 역량에 대한 비교 기준이며 대학 졸업생에 대한 평가 기준 역시 결국 졸업생의 학업 수준이 아니라 고등학교의 학업 성적입니다. 그러니 결국 대학에 가서는 공부할 필요도 없습니다.

한편 나카무라 교수는 서구에선 "대학의 순위가 교수의 우열로 정해진다는 사실입니다. 훌륭한 교수에게서 강의를 듣고 그 교수의 생각하는 방식을 흡수합니다. 바로 그것을 위해서 대학이 있는 것입니다."라고 본문에서 말하고 있습니다.

책 전체를 통해 서구의 대학과 같은 수준이 되어야 한다는 나카무라 교수의 간절함을 느낄 수 있습니다.

왜 이렇게 나카무라 교수는 서구의 대학처럼 되어야 한다고 생각할까요? 단지 노벨상을 많이 받기 위해서일까요?

그는 책에서 전체적으로 아이들의 행복에 대하여 매우 깊이 고민하고 있습니다. 그러니 노벨상은 사실 하나의 예에 지나지 않습니다. 그는 울트라 퀴즈대회 비슷한 대학입시 제도는 우수한 천재를 양성하는 것도 아니고 기껏해야 영원한 샐러리맨을 행복이라고 여기는 사람만 양성한다고 주장합니다. 아니면 개중에 울트라 퀴즈 왕은 관료가 되고 의사가 되고 판사가 되어 국민보다 많은 돈을 벌고 있겠지만 대부분의 국민이나 아이들은 서열화된 사회에서 희생되고 있다고 봅니다.

본문에도 나와 있지만 나카무라 교수는 서열화된 학력사회에서 극소수의 몇 사람을 제외하고는 모두 패배자에 지나지 않는다고 주장합니다. 또한 이렇게 된 이유는 대학이 연구자 양성이라는 본래의 역할을 못하고 영원한 샐러리맨이 되기 위한 방편으로 존재한다는 역전된 구조이기 때문이라고 말합니다.

대학이 진정한 존재 이유인 학문 연구로 경쟁하는 교육제도를 만들어야 아이들도 진정으로 하고 싶은 공부를 하기 위해서 대학에 가는 사회가 됩니다. 그렇게 되기를 그는 바랍니다. 그래서 하고 싶은 일을, 좋아하는 일을 하는 사회가 되어 아이들이 진정 자신의 꿈과 희망을 달성하는 사회가 되기를 그는 바랍니다. 그것이 결국 그가 꿈꾸는 사회이고 그런 사회가 되려면 대학이 대학다워야 한다는 것입니다. 고등학생 시절의 울트라 퀴즈대회 실력으로 대학 서열이 정해지는 것이 아니라 대학은 본연의 연구력으로 경쟁하는 대학이 되어야 하고 그러기 위해선 대학입시를 폐지해야 한다는 것입니다.

물론 대학입시가 노벨상 수상자를 육성하기 위한 제도는 아니라고 주장하는 분도 많습니다. 여기서 나카무라 교수의 주장이 반전합니다. 그러면 대학입시를 치르는 당사자인 학생들이 행복한지 반문

합니다. 오로지 대학에 가기 위한 암기 중심의 대학입시에서 과연 당사자가 행복한 공부를 했는지 질문하면서 '그렇지 않다'고 확실히 답합니다. 공부가 좋아서, 아니면 좋아하는 공부를 해야 행복한데 그저 대학을 위한 공부가 사람을 행복하게 할 수는 없다고 나카무라 교수는 주장합니다.

아이들을 낙오자나 무법자로 만들자

이 주장은 얼핏 보기엔 너무 막가는 주장처럼 보입니다. 그러나 내용을 살펴보면 결국 아이들에게 강인한 생명력을 가지게끔 기르자는 주장입니다.

부모는 자녀가 어떤 사람이 되기를 바랄까요? 나카무라 교수는 자연에서 교육하자고 주장합니다. 자연의 생명체는 새끼에게 뭔가를 기대하지 않습니다. 새끼가 자라면 독립해서 자신의 삶을 영위하는 것 이외에 뭔가 특별한 것을 기대하지 않는다는 것입니다. 그리고 급변하는 환경에서 살아가기 위해 지녀야 할 가장 중요한 조건은 강인한 생명력이라고 주장합니다.

강인한 생명력을 지니려면 그 전제 조건은 아이들이 진정으로 하고 싶은 일을 하도록 해야 한다는 것입니다. 그다지 유용하지도 않는 지식 중심의 암기과목을 억지로 머리에 주입시키는 그런 대학입시 공부는 자녀의 생명력 양성에 도움이 되지 않는다고 주장합니다. 그러니 그런 대학입시 중심의 학교라면 마음에 없으면서 억지로 다니지 말고 그만두거나 낙제하자는 것입니다. 그러니 자녀가 학교를 그만두거나 낙오한다고 걱정하지 말라고 합니다.

오히려 그런 사람이 성공한다고 주장합니다. 사실 우리 주변에서 그런 사람을 많이 볼 수 있습니다. 그 좋다는 하버드대학을 그만두고 성공한 빌 게이츠, 마크 저커버그, 무법자(아웃로)의 대명사 스티브 잡스는 모두 대학을 다니다가 중퇴했습니다. 물론 예외적인 경우라고 할 수도 있습니다. 그러나 그저 대학만 다닌다고 좋아할 일도 아니라고 봅니다.

위의 몇 가지 주장에 어떤 분은 찬성하고 어떤 분은 반대할 겁니다. 그리고 사실 '대학입시를 철폐하고 자녀가 원하는 바를 시키자'는 주장에 심정적으로 동조한다고 하더라도 실제 실행하기에는 주저하시는 분도 많을 겁니다. 그렇지만 한번 귀 기울일 필요가 있지 않을까 합니다.

나카무라 교수의 소망과 우리 교육

나카무라 교수는 결국 무엇을 말하려는 것일까요? 역자가 파악한 나카무라 교수의 소망은 이렇습니다. 이제 그런 퀴즈의 달인이 되기 위한 공부는 그만하고 진정한 공부를 하자는 것입니다. 퀴즈의 달인이 되기 위한 공부는 공부의 즐거움을 주지도 못하고 진정한 천재도 배출하지 못하며 개인에게 행복한 삶을 약속하지도 못합니다.

그러니 이제 대학입시를 철폐하자고 주장합니다. 대학입시가 존재하는 한 도쿄대학을 정점으로 하는 서열주의의 학벌사회는 없어지지 않을 것이며 서열화된 학벌사회에서 아이들은 자신의 진정한 꿈과 희망을 버리고 오로지 암기 위주의 주입식 교육에 매달릴 수밖에 없다고 합니다.

또한 암기 중심의 퀴즈 왕 선발대회와 같은 대학입시를 폐지하지 않는 이상 일본의 대학은 영원히 대학다운 대학이 될 수 없고 그런 대학에 그저 영원한 회사원이 되기 위해서 입학시험을 준비하는 일본의 아이들은 행복하지도 않고 강인한 생명력도 가질 수 없다고 주장합니다.

나카무라 교수도 노벨상까지 수상한 마당에 굳이 나서서 학벌사회를 비난할 이유도 없지요. 누구도 나카무라 교수 면전에서 도쿄대학을 나오지 못하였으니 실력이 없다는 말을 하지는 못할 터입니다. 그러니 사실 편하게 살자면 굳이 나서서 대학입시를 철폐하자고 주장할 이유가 없습니다.

본문에서도 그런 말이 나와 있습니다. '기대려면 큰 나무 밑에 기대라.' 그러나 나카무라 교수는 모난 돌이 정 맞는다는 말에도 불구하고 모난 돌이 되려고 한 것이지요. 온갖 비난과 손해를 감수하면서까지 나서서 이런 주장을 펴는 이유는 마음속에 이렇게 해서는 안 된다는 강한 신념과 희망이 있기 때문입니다.

우리나라도 매년 혹은 정권이 교체될 때마다 교육개혁을 주장합니다. 그런데 이상하게도 그 모든 교육개혁이 고등학교 이하에만 집중되어 있습니다. 사교육 철폐도 그렇고 자유학기제도 그렇고 대학입학시험의 방식도 수없이 변화했습니다.

그런데 우리 교육의 문제는 대학입시의 변화에 있는 것일까요? 어떤 방식을 도입해도 대학이 대학답지 않으면 그 방식은 결국 아무런 변화를 가져오지 못하는 것 아닐까요? 훌륭한 인재를 대학입시에서 선발해도 그 인재가 대학에서 제대로 육성되지 않는다면 그 방식이 무슨 의미가 있을까요? 나카무라 교수는 교육이 변하려면 대학의 평가 기준을 바꾸어야 한다고 주장합니다. 그는 대학입시가 존재하는 한 대학의 평가 기준은 대학의 연구 능력이 아니라 그 대학에 입학한 학생의 고등학교 성적으로 평가된다고 주장합니다. 그러니 대학이 대학다울 수 없다는 것입니다.

나카무라 교수의 주장을 조금 다르게 말하면 다음과 같지 않을까 합니다.

어린 시절의 동화에 왕자님이나 공주님을 만나서 행복하게 살았다고 하는 이야기처럼 전후, 일본이나 한국에서 모두가 받아들인 거대한 이야기가 "좋은 대학을 졸업하여, 대기업에 입사하여 행복하게 살았다."라는 겁니다. 이 이야기가 만들어낸 현실의 세계가 바로 대학입시로 표현되는 학벌사회입니다.

우리는 인생극장에 던져진 배우입니다. 그런데 자신의 의지와 무관하게 이 극장에 던져진 우리는 무언가 배우의 역할을 해야 하는데 우리에게는 정해진 배역도 없고 주어진 대본도 없습니다. 배우로서 그때그때 우리가 연기하는 배역은 하나의 이야기입니다. 즉 우리는 이 극장에서 어떤 배역을 연기하면서 어떤 이야기를 살아가는 것입니다. 그때 가장 손쉬운 방법은 모두가 받아들이는 공통적 이야기대로 살아가는 것입니다.

그 모두가 받아들인 대본이 학벌사회 대본입니다.

그러나 그게 어떻게 자신의 삶을 사는 것이라고 말할 수 있겠습니까? 우리는 자신의 삶을 사는 것이 아니라 학벌 사회를 살아가고 있습니다. 모두 학벌이란 가면을 쓰고 이 극장에서 연기를 합니다. 주연은 가장 좋은 대학에서도 일등으로 졸업한 사람입니다.

그런데 나카무라 교수는 그런 이야기를 이제 버려야 한다고 주장합니다. 그런 이야기가 통용되는 시기는 이미 지났다고 말합니다. 아니, 그게 설령 일말의 진리일지는 모르지만 그건 '주인과 종'에서 종처럼 자신의 인생을 사는 이야기가 아니라고 말합니다. 그는 더 이상 남의 이야기를 가지고 이 세상을 살아서는 안 되고 자신의, 자신만의 이야기를 살아야 한다고 주장합니다. 그런데 그는 대학입학시험이 존재하는 한 우리는 이 과거의 이야기인 "좋은 대학을 나와 대기업에 들어가서 행복하게 살았다."라는 이야기를 버리지 못한다고 주장합니다.

나카무라 교수는 그런 시시한 삼류 신데렐라 이야기는 집어치우고 아이들이 아이들 자신의 이야기로 삶을 살아갈 수 있도록 해야 한다고 주장합니다. 그러려면 학벌사회의 가면을 집어던지고 무법자가 돼라고 합니다.

나카무라 교수의 주장이 어느 정도 우리 교육에 도움이 될 것인지 그 판단은 오롯이 독자의 몫입니다.

노벨상 수상자가 말하는

아이들 교육은 부모로부터 시작된다
아이들이 행복해지는 23가지 방법

초판 찍은 날 2017년 11월 17일
초판 펴낸 날 2017년 11월 24일

지은이 나카무라 슈지
옮긴이 조수기

펴낸이 김현중
편집장 옥두석 | **책임편집** 임인기 | **디자인** 이호진 | **관리** 위영희

펴낸 곳 (주)양문 | **주소** 서울시 도봉구 노해로 341, 902호(창동 신원리베르텔)
전화 02. 742-2563-2565 | **팩스** 02. 742-2566 | **이메일** ymbook@nate.com
출판등록 1996년 8월 17일(제1-1975호)

ISBN 978-89-94025-64-3 03590　　　 잘못된 책은 교환해 드립니다.